U0200905

中国钻石革命
China's diamond revolution

张 栋 著

郑州大学出版社

图书在版编目（CIP）数据

中国钻石革命/张栋著.—郑州：郑州大学出版社，2020.6

ISBN 978-7-5645-6412-4

Ⅰ.①中…　Ⅱ.①张…　Ⅲ.①钻石－人工合成－研究　Ⅳ.①TQ164.8

中国版本图书馆CIP数据核字（2020）第035413号

郑州大学出版社出版发行

郑州市大学路40号　　　　　　　　　　　邮政编码：450052

出版人：孙保营　　　　　　　　　　　　发行电话：0371-66966070

全国新华书店经销

深圳市恒安达印刷制品实业有限公司印制

开本：720 mm×1020 mm　1/16

印张：14.25

字数：199千字

版次：2020年6月第1版　　　　　　　　印次：2020年6月第1次印刷

书号：ISBN 978-7-5645-6412-4　　　　　定价：198.00元

本书如有印装质量问题，请向本社调换

序一

　　中国的钻石首饰文化发展至今，基本上一直延用的都是外来的情感定义与文化理念。当中国钻石年销量已多年位居世界第二时，就是时候应该尝试着去改变，打造与中国国民情感诉求相契合的钻石首饰文化。而《中国钻石革命》一书对此做了非常有益的探索及充分的论证，我想这是得益于作者的长期思考，及其在珠宝零售终端的长期实践。书中的观点，其论、其析、其张、其弛，就像周华健在歌曲《我上大名府》里所唱的"刀枪剑戟斧钺钩叉鞭铜锤抓镋棍槊棒拐子流星"一样，十八般兵器，下足了工夫。虽是一己之见，但也足够坦率，是可谓真。既是一家之言，不妨如《诗经·小雅·鹤鸣》里所云："他山之石，可以攻玉。"业内人士尽可里里外外，上下左右仔细打量，各取所需。希望借此能唤醒人们对中国文化在钻石首饰中运用的重视，并在未来的钻石首饰市场中让消费者能充分地感知中国文化的独特魅力。

深圳黄金珠宝文化研究会

会长

2020 年 1 月 30 日

序二

　　中国钻石革命浪潮，我们正在参与！

　　本书是中国珠宝首饰行业正面临迭代之际的一本行业研究专著，本人想以全球视野客观地分析合成钻石的发展现状和未来前景，同时结合现今中美贸易战大背景下的天然钻石发展，为所有中国珠宝首饰行业从业者勾勒出一场革命级的行业变革。由于疫情的影响，我们也不得不思考珠宝首饰行业未来发展的其他可能性。中国早已成为世界级的钻石消费大国，连续多年保持着仅次于美国的世界第二位置，但中国基本无法生产宝石级的天然钻石。每年巨额的天然钻石进口，无论是通过合法渠道还是灰色渠道进来的天然钻石，都换走了中国难以计数的宝贵国民财富。中国的钻石消费文化基本来源于国外，尤其是那一句"钻石恒久远，一颗永流传"的煽情广告，让这个本不属于中华民族的舶来品，从此走到了中国亿万消费者的面前。天然钻石在商业上的巨大成功无可厚非，但我们在中国整个珠宝首饰行业得到快速发展的同时，不妨冷静地思考一下，天然钻石的消费大势会带走多少中国国民来之不易的财富？

随着大量的天然钻石不断被开采出来，随着中国很有可能成为世界最大的天然钻石消费国，我们中国难道真的要成为全世界天然钻石最后的接盘侠吗？不仅如此，随着世界最大的钻石企业戴比尔斯，这个曾经是世界上最大的天然钻石价值的捍卫者，也开始转向生产和销售合成钻石，我们中国这个连续17年世界第一的合成钻石生产大国正面临着一场机遇，或者可以说是天大的机遇，那就是中国终于可以实现钻石领域的"弯道超车"。其实天然钻石和合成钻石，无论是物理属性还是化学属性，抑或是光学属性都基本一致，甚至可以说同等条件下合成钻石的优势更加明显，但广大的中国天然钻石既得利益者们正陷入两难。天然钻石和合成钻石到底是替代关系还是共生的关系，我们现在还很难界定，唯一可以预知的是中国人如果不把合成钻石生产领域的巨大优势转化成综合商业优势，未来中国人还要继续为合成钻石买单。由于大量的中国合成钻石生产企业在零售领域上的弱势，加上大量的中国珠宝品牌对合成钻石前景的严重误解，中国正在错失快速成为世界合成钻石强国的窗口期。

本书通过对天然钻石和合成钻石进行深刻的独到剖析，对所有中国珠宝首饰行业从业者和强势企业及品牌，投身到中国合成钻石这场中国人完全有机会取胜的行业革命中来，具有一定的现实指导作用和社会意义。

张 栋

2020 年 1 月 30 日

前言

伴随着"钻石恒久远，一颗永留传"，这句由美国 Ayer 广告公司在 1947 年为戴比尔斯策划的经典广告语，天然钻石就此打开了世界珠宝市场的大门，并且在 1990 年也打开了中国珠宝市场的大门。中国用短短的 19 年时间一跃成了世界第二大的钻石消费国。截至目前，据不完全统计，中国现有 12.5 万家珠宝店，其中 90% 以上的珠宝店都会销售钻石饰品，因此可以说中国可能是世界上拥有钻石销售渠道最多的国家。随着钻石已成为爱情或是结婚的必备品，中国有一天或将成为世界上最大的钻石消费国。不过这一切都反衬出一个尴尬的现实——中国现在基本不能出产宝石级钻石。

中国用于饰品的宝石级钻石，几乎全都依赖进口。缘于中国一直以来不断增长的对宝石级天然钻石的大量需求，作为长期居住在中国珠宝之都——深圳的珠宝人，我在罗湖区的水贝经常看到行色匆匆的印度人，他们像不辞辛劳的蜜蜂一样，为深圳的所有钻饰生产和批发企业提供着海量的廉价钻石。且据有关报道称，中国有大量的天然钻石是通过走私进来的，虽然这些事情业者尽知，但不是本文探讨的重点。不过把这些事情联系在一起，一幅中国的钻石商业地图就展现在了我们面前：无矿的中国，海量的国外钻石，通过"灰色进口"，在十万级珠宝店的帮助下，销售给了本无钻石文化的中国国民，而且我们中国还一不小心成为了世界第二大的钻石消费大国。

如果中国这些年来真实的钻石进口额是中国海关历年进口统计的5倍，那么中国的钻石消费在世界上又是什么样的地位？由于钻石只是单纯的碳元素，未经镶嵌的裸石带在身上真的很难检测出来，所以钻石有可能是世界上最容易走私的工具。另外，就高端消费品市场来说，潮流是挡不住的，普通人如果求婚和结婚不戴钻戒，好像无论如何都说不过去，但我们中国人难道还要继续长期用宝贵的外汇去消费国外的钻石吗？尤其是中国人目前已消费了大量30分以下的小分数低端钻石，这可以说是世界上最难再次变现的钻石。终有一天，当天然钻石世界变天的时候，我们老实的中国人才发现自己手中视为珍宝的钻饰，却只剩下了纪念意义。

对中国而言，另一个让人不敢相信的事实是：我国已连续17年成为世界上最大的合成钻石生产国，而且近几年中国的合成钻石产量已高达全世界产量的90%，这还只是在中国的合成钻石神器——六面顶压机未全面开机工作的情况下取得的成绩。既然天然钻石中国已经没有追赶的可能性，而合成钻石我们有这么好的生产优势，为什么不试一下大力发展本国的合成钻石产业呢？现实是中国所有天然钻石既得利益者们的集体沉默，因为这里关系着巨大的现实利益。合成钻石到底能不能在天然钻石的市场中分一杯羹，中国的合成钻石生产力量能否成功推动中国的钻石革命，这一切我们都不得而知。我们唯一知道的是：目前世界上真的不缺天然钻石，并且天然钻石垄断者们再也无法在当下的市场形成垄断，这也就意味着未来随着垄断力量的消失和合成钻石的不断攻击，天然钻石的价格，尤其是30分以下天然钻石价格必然不再坚挺。现在的天然钻石守护者宣扬天然钻石更能代表爱情，这种天才级的成功营销不知消费者还会信多久，但就算天然钻石守护者可以守住婚恋市场，那么除婚恋市场以外的钻石市场呢？

合成钻石的科技进步，必然会掀起一场钻石革命，而且随着科技的不断进步，合成钻石或许有朝一日将会夺取天然钻石市场的半壁江山。这个巨大的风口极有可能带来海量的财富，同时也将使现有的珠宝业格局被打破和重构，当然最后或将重新崛起一批合成钻石的优胜者。综合分析天然钻石自身的硬伤，我想无论天然钻石如何反击，都难以抵消合成钻石的诸多优势，因为合成钻石背后的支撑力量是科技，因为合成钻石背后的支撑力量是环保，因为合成钻石或将代表着世界珠宝的发展趋势。中国在天然钻石领域交了太多太多的学费，中国的消费者也交了太多太多的学费，未来我们中国人所交的巨额学费，能不能通过合成钻石赚回来，这是我们这一代中国珠宝人的使命与责任，也是我们这些已觉醒的中国人最强有力的召唤！愿中国的钻石革命早日到来！

张 栋

2020 年 1 月 30 日

目录

第一章 合成钻石的前世与今生

002　第一节　合成钻石的定义

013　第二节　合成钻石的发展历史

025　第三节　中国合成钻石的力量

第二章 万众瞩目的合成钻石发展格局

049　第一节　合成钻石的理性派与激进派

058　第二节　合成钻石的主流消费群

065　第三节　合成钻石的世界发展格局

074　第四节　合成钻石如何在珠宝终端中破局

第三章 合成钻石与天然钻石的博弈

084　第一节　曾如日中天的天然钻石能否再铸辉煌

091　第二节　合成钻石大潮来临后的天然钻石出路

097　第三节　婚钻将是合成钻石的主战场

第四章 合成钻石在中国的默默崛起

110　　第一节 天然钻石钻矿是中国人永远的痛

124　　第二节 中国合成钻石产业发展之路

131　　第三节 论中国合成钻石领域中的民族主义者

142　　第四节 夫妻店或将成为合成钻石的主力军

第五章 天然钻石垄断世界下的革命者

150　　第一节 合成钻石将颠覆世界钻石的奇葩说

156　　第二节 戴比尔斯对合成钻石可能的对策

169　　第三节 未来中国合成钻石革命的畅想

179　　第四节 中国钻石革命后的新"饰界"

187　　附录一：合成钻石相关名录

191　　附录二：中国合成钻石领域的十大预测及分析

197　　参考文献

208　　后记

212　　特别声明

0017～0010 中国钻石革命

第一章 合成钻石的前世与今生

合成钻石的定义　　　　　　　　　002

合成钻石的发展历史　　　　　　　013

中国合成钻石的力量　　　　　　　025

第一节 合成钻石的定义

在2019年，中国乃至世界珠宝界最热的词恐怕就是"实验室培育钻石"了，到底什么是"实验室培育钻石"？尤其是业界发现所谓的"实验室培育钻石"正以不光彩的方式进入了珠宝行业，以套证冒充天然钻石的方式悄然流到消费者手中，这就更加使人们对"实验室培育钻石"感到恐慌。当然正面的新闻也有很多，比如美国珠宝首饰行业中"实验室培育钻石"已大行其道，美国珠宝业外投资者推出的Diamond Foundry（美国的实验室培育钻石品牌）异军突起，还有被中国企业收购的国际宝石学院IGI（International Gemological Institute）"实验室培育钻石"证书量已达世界第一。不过这些都不能使我们真正地了解"实验室培育钻石"到底是什么，同时，合成钻石、人工合成钻石、人造钻石或者培育钻石到底有什么区别，为什么同样一个东西有这么

俄罗斯 NDT 10 克拉黄色培育钻石
图片来源 IGI

多的命名。这些需要我们详细地梳理一下，以正视听。

一、合成钻石的命名

合成钻石，又称人工合成钻石、人造钻石或实验室培育钻石，当然，由于天然钻石的矿物学名称为金刚石，因此合成钻石也有人造金刚石和合成金刚石等称谓。不仅如此，在中国最近又兴起叫培育钻石，这些命名都不过是在不同历史阶段，人们所能找出的认为最合理的描述合成钻石的名称。从2018年美国开始把合成钻石更名为"实验室培育钻石"后，"实验室培育钻石"这种叫法可以说更准确地表达了合成钻石的属性，目前世界范围内都接受了"实验室培育钻石"这种称呼。其实我个人认为人造钻石也是一个正确的命名，只是一听到人造钻石人们往往会误认为是假货，非常不利于合成钻石的商业推广。而合成钻石感觉是两种不同的物质发生了化合反应而生成，故而用合成钻石命名实际并不准确。美国用"实验室培育钻石"来命名基本是可行的，只是由于现在合成钻石早已走出了实验室，基本可以大规模工业化生产了，因此"实验室"这个限定词也多少不够准确。如果按合成钻石的实际生产情况来说，现在中国国内业界把"实验室培育钻石"简化为"培育钻石"的命名最为合适，只

3.99 克拉粉色培育钻石 "Pink Rose"
图片来源：ALTR Diamonds

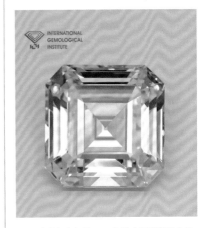

IGI 香港实验室于 2015 年鉴定了世界最大的无色 HPHT 合成钻石，重 10.02 克拉，由一颗 32.26 克拉的合成钻原石打磨而成

不过由于暂时未得到国家政府机构的认可，只能作为团体标准和企业标准而暂用，因此为了适应国家标准规范，我们在本书中把这种钻石统一称为合成钻石，这也是目前中国政府和检测机构层面统一接受的国家标准命名。特别说明一下：在以前我们也曾称钻石为金刚石，尤其是在工业领域大多把钻石称为金刚石，因此我们看到一些论文和报道中说合成金刚石也不要误解，这其实就是不同时代、不同领域对钻石和合成钻石的不同称谓，本质上来说都是同一样的东西。

二、合成钻石常见的两种合成方式

合成钻石是根据天然钻石形成的原理，采用人工的方法制成的宝石级金刚石，目前主流的合成钻石合成方法主要为高温高压法(HPHT)和化学气相沉积法(CVD)，如图表1-1所示，这两种方法主要源于两种不同的合成钻石生产技术。

表1-1 两种合成钻石技术对比

	高温高压法（HPHT）	化学气相沉积法（CVD）
主要合成设备	六面顶压机、分割球（BARS）、两面顶	微波等离子体 CVD 外延生长装置
成本	生产 1 克拉合成钻石大概需要几十个小时	生产 1 克拉合成钻石大概需要数百个小时
产品规格	偏重小、碎钻的合成	偏重大颗粒合成钻石（毛坯大于 0.5 克拉，裸石大于 0.2 克拉）
良品率	60%（约 30% 优等率 +30% 合格率）	约 85%

HPHT 技术（High Pressure High Temperature 高温高压法）：主要是以石墨或金刚石粉，或石墨与金刚石粉的混合物为碳源，将它们溶解在铁镍合金的触媒中，借高温超高压反应腔温度梯度的作用，使触媒中溶解的碳进入高压腔，在温度较低的金刚石种晶上沉淀而长成的宝石级金刚石，简单来说就是让碳种子成长为钻石的一种方法。HPHT 技术的主要依据是天然钻石的形成过程，即天然钻石是在地下 130 ～ 180 km 深处，高温达 900 ℃～ 1300 ℃，高压达（45 ～ 60）×108 Pa 的情况下形成碳结晶的过程来生产钻石。因这种合成钻石的生产条件最接近自然，同时由于得到的钻石生长环境好于天然的环境，因此用此技术生产出的钻石，在硬度方面有时更是高于天然钻石。HPHT 技术是合成钻石的基本方法之一，合成的基本原理是在人造的高温高压环境下，将石墨进行转变生成钻石，一般需要 10 GPa、3000 ℃以上的压力和温度。如果有特别的金属触媒（如 Fe、Ni、Co、Mn 等元素以及它们的合金）参与，石墨转变为钻石所需要的条件将大幅降低，通常压力为 5.4 GPa，温度为 1400 ℃，这大大降低了生产难度。合成钻石主要生产国有俄罗斯、中国、美国、英国、乌克兰、日本等，HPHT 法生产合成钻石的设备和技术细节依不同国家和厂商而异，以前国

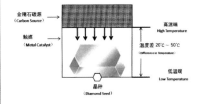

HPHT 合成钻石的基本原理示意图

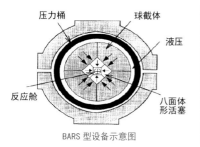

压力桶　　　　球截体
液压
反应舱　　　　八面体形活塞

BARS 型设备示意图

外多使用两段式分球压机（BARS 型，将液体注入压力桶内，使 8 个球体截体合拢，构成八面体形状的 6 个活塞产生压力）和两面顶型压机（BELT 型，压带机上下顶锤和中部一个压缸组成，顶锤装置产生的压力达 6.5 GPa，温度达 2000 ℃）生产合成钻石，我国科学家和厂商多使用国产的六面顶压机生产。

CVD技术（Chemical Vapor Deposition，化学气相沉积法或化学气相沉淀法）：化学气相沉积法是使用一种或多种气体，在加热的固体基材上发生化学反应，并镀上一层固态薄膜的生产方式。具体讲CVD合成钻石是以一块天然钻石的裸石为母石，利用高纯度的甲烷、加上氢、氮等气体辅助，在微波炉中以低压的方式，在洗碗机大小的压力室里形成一种碳等离子体，该等离子体不断沉积在压力室底部的碳底层上，并逐渐积聚和硬化，最终形成钻石薄片，进而再切割成宝石外形的过程。甲烷中与钻石一样的碳分子不断累积到钻石原石上，经过一层层的增生，可稳定形成大至10克拉的透明钻石。为了使CVD技术的合成钻石生长较为顺利，碳源常常用已具钻石结构的甲烷，当然也可以选择其他的气体，只是高纯度的甲烷目前为常见的气体选择。用CVD技术"长大"的钻石，由于品质与天然钻石别无二致，整个生

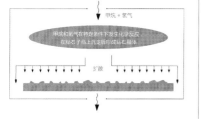

甲烷 + 氢气

甲烷和氢气在转床条件下发生化学反应
在钻石子晶上沉淀形成钻石晶体

扩散

CVD 合成钻石的基本原理示意图
图片来源　ALTR Diamonds

产过程有利于控制，因此成为行业新宠。在全球所有的CVD机器中属美国的机器较好，如CTS-6U型微波等离子金刚石CVD系统，他们的主要客户是新加坡的IIa公司和日本的Seki公司，据说这是领先日本Seki的升级版本。当然德国Iplas公司的CYRANNUS1-6（另一种微波等离子CVD系统）也不错，主要是构型有特色。法国Plassys的SSDR150的设备相对比较稳定，并且等离子体的设计水平较高。不过现在中国国内主流的机器是日本Seki的SDS6K，这是一款不错的机器，据说上海的征世和杭州的超然公司都是用的这个机器。前面这四个国家的机器都属于小众性的，需要6个月的订货期，不适合大规模使用。俄罗斯optp的Aris300我去俄罗斯参观过，据说是他们的第三代产品，当前的产量较低，一年生产交货也不过10台左右。可以大量生产和交货的厂家主要有中国台湾捷斯奥的WEC6000D设备，据说是由原卡耐基实验室CVD项目的参与人颜志学博士负责技术指导。还有就是中国成都纽曼公司的HMPS-2060S机器，这种国产的CVD合成钻石生产机器主要是便宜，据说宁波晶钻（宁波晶钻工业科技有限公司）和印度合成钻石生产商都在使用。当然国内还有数家CVD设备厂商生产的机器也不错，如我个人比较认可的深圳优普莱、北京清碳科技和成都环宇科技公司，

CVD 设备装配车间
图片来源：北京清碳科技有限公司

甲烷化学分子结构图

但由于篇幅有限，在这里就不一一介绍了。

三、合成钻石与仿钻的本质区别

合成钻石是采用现代高科技技术，在实验室中利用HPHT法或CVD法培育而成，它们不仅仅拥有和天然钻石一样的外部特征，其内部基本属性也与天然钻石几乎是一样的。与仿钻不同，合成钻石是在实验室或工厂中人工模拟天然钻石结晶的过程及条件培育而来的钻石，合成钻石在化学成分、晶体形态等化学物理性质方面与天然钻石相差无几，只有极为精密的仪器才能检测出二者在荧光或者氮含量方面的差异。合成钻石在晶体结构的完整性、折射率、相对密度、色散等方面均可以与天然钻石媲美，在硬度值、导热性、热胀性、电阻率、可压缩性等方面，两者表现更是几乎完全一致。此外，由化学气相沉积法生长出来的合成钻石均为自然界中稀有的Ⅱa型钻石，这类钻石在天然钻石中占比仅有2%，比Ⅰa型钻石含碳更高，更加纯净。从这个方面来说，实验室或工厂培育出来的合成钻石优势十分突出。而那些锆石、莫桑石、白色蓝宝石做出的仿钻，它们仅仅是在模仿钻石的一些外部特征，并不具备钻石的一些基本特性（见表1-2）。通过化学式可以看出，它们与钻石完全不是同一个物质，如锆石（$ZrSiO_4$）、莫桑石（SiC）、白色蓝宝石（Al_2O_3），因此它们绝对无法与合成钻石相比。

表 1-2 合成钻石与仿钻的区别

指标 类别	化学结构式	折射率	色散率	莫氏硬度	密度 (g/cm³)
合成钻石	C	2.42	0.044	10	3.52
锆石	$ZrSiO_4$	2.15	0.6	8.5	5.7
莫桑石	SiC	2.65	0.104	9.25	3.22
白色刚玉	Al_2O_3	1.77	0.018	9	4
钇铝石榴石	$Y_3Al_5O_{12}$	1.83	0.028	8	4.6

锆石：属于硅酸盐矿物，单从字面来看，它不是钻石，锆石是天然形成的，但有价值的锆石产量极小，一般用来做仿钻的比较多。一般市场常见的仿钻饰品并不是锆石，而是一种名字叫"立方氧化锆"的合成方晶锆石。不过因其硬度比钻石低，肉眼也是很容易鉴别的，尤其是专业人士，更容易鉴别。

莫桑石：属于碳硅石的一种，因为自然界中莫桑石非常稀少，为了进一步做科学研究，科学家们自行研发出人工的莫桑石（市场上的莫桑钻全都是人工合成的，学名叫合成碳硅石）。因莫桑石硬度超高，外形酷似钻石，经常被当作钻石的替代品出现在市场。只不过因其是具有双折射的宝石，也是很容易被鉴别出来的。

白色刚玉：又被称作白宝石或者白色蓝宝石，同一般的刚玉属性基本一致，莫氏硬度同样

天然钻石　　　HTHP合成钻石

天然钻石与合成钻石的发光区别

是8，常有一些不法商人用它来模仿钻石，或者热加工后形成蓝色充当蓝宝石。白色蓝宝石不具有钻石的火彩，内含物和钻石也有所不同，因此肉眼也是很容易鉴别的。

另外，还有一些人造尖晶石、水晶、白钨矿、人造金红石等各种冒充钻石的替代品，造成宝石市场的混乱，但这些仿钻的市场由于合成钻石的出现而变得越来越小。

四、合成钻石与天然钻石的比较

从钻石本身的物理性质、化学性质和光学特性来说，合成钻石与天然钻石基本上没有差别。不过从其他一些细节来看，合成钻石和天然钻石还是有些细微差异的（见表1-3）。从内含物来看：合成钻石具有不同形态合金包裹体，这些包裹体呈浑圆状、棒状、板状、针状等，其排列方式与内部生长区界限相关。合成钻石的包裹体还可呈微粒状分散于整个晶体中。这些包裹体不透明，反射光下呈金黄色或黑色，具金属光泽。在合成钻石中还有种晶及种晶幻影区，种晶幻影区是在钻石内部存在的沿四方形种晶片向外生长形成的、边缘由相对明亮的细线构成的四方单锥状生长区，无论种晶片是否在加工过程中被磨掉，该幻影区始终存在，在暗域场中或将钻石置于浸液中观察则此现象表现得更为清楚。从钻石的颜

阴极发光仪

色来看：绝大多数合成钻石呈黄色、褐黄色（大多数），具有沙漏状色带，而天然钻石则为无色、浅黄及其他颜色。从晶形及表面特征来看：合成钻石常以八面体和立方体聚形为主体，并且可发育菱形十二面体、四角三八面体或三角三八面体晶面。从吸收谱线来看：合成钻石缺失天然钻石中无色–浅黄色系列具有415 nm特征的谱线。最后从发光特征来看：第一是紫外荧光，有些合成钻石在长波紫外光下呈惰性，在短波紫外光下显示中等至强的黄绿色荧光，并且具有分带现象，这与天然钻石的荧光特征不同。第二，在阴极发光仪的电子激发下，合成钻石的颜色为黄色或黄绿色，规则分区；而天然钻石的颜色以蓝色为主，层状生长或复杂的生长形式。

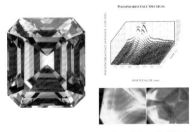

2016 年 6 月拉斯维加斯珠宝展展出目前世界上最大的合成蓝钻

表 1-3 合成钻石与天然钻石的区别

类别 指标	合成钻石	天然钻石
化学成分	碳 (C)	碳 (C)
折射率	2.42	2.42
相对密度 (g/cm³)	3.52	3.52
色散	0.044	0.044
硬度值 (GPa)	90	90
透光度	DEEP UV TO FAR TR	DEEP UV TO FAR TR
晶体外形	晶面平坦，晶棱锐利，晶角尖锐。有籽晶及其幻影区，各种形态的金属包体	晶面、晶棱常弯曲，晶角钝化，呈浑圆状，外观没有金属包体
导电性	可能具有导电性或者导热性	除了蓝色钻石是半导体之外，均不导电
发光性	黄色－黄绿色，规则分区	蓝色为主，层状生长或复杂的生长形式
吸收光谱	缺失 415 nm 特征吸收线，有时出现 470 nm ~ 700 nm 宽吸收带	415 nm 特征吸收线，还有 423 nm、435 nm、478 nm 吸收谱线
色带	大多数颜色分布均匀	大多数颜色不均匀
异常双折射	复杂特征，如不规则带状、波状和斑块状	表现较弱

第二节 合成钻石的发展历史

　　我们要想了解合成钻石，就必须知道世界上第一颗合成钻石诞生的经过。世界上第一个合成钻石诞生于瑞典的斯德哥尔摩，一家名为ASEA的电气公司领导研发小组，他们于1953年成功合成出了金刚石微晶。不过由于该公司的目标是生产出大颗粒宝石级钻石，不足1 mm的微晶合成钻石在他们看来是失败的，于是他们没有申请专利。第二年，这项荣誉就被美国人抢走了。美国通用电气公司组建的一个研究小组历经3年的不断实验，成功研发出合成钻石。此后在1998年俄罗斯成功合成出无色合成钻石，只是因为合成出来的钻石净度不太好并且价格也很高，在市场上无法正式销售，最后只能冒充天然钻石销售。在2012年起，新加坡IIa公司生产的CVD无色合成钻石，成功开始在美国Gemesis上市，这才真正地引起了全球珠宝市场的关注，当然这期间合成钻石开始混

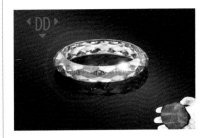

荷兰钻石技术公司 DD 合成钻石指环

入天然钻石中，尤其是大中尺寸的近无色合成钻石被当做天然钻石销售。这些用CVD方法生产出来的合成钻石真的不错，颜色大部分在G-I，净度在VVS-SI，重量从几十分到最大5克拉。此后在2015年5月，俄罗斯New Diamond Technology公司（简称NDT）用中国六面顶压机生产出原石32克拉，成品最大10.02克拉（E颜色，VS1净度）的合成钻石。这基本带动了2018年HPHT生产技术的成熟，合成钻石的成本也进一步降低，同时合成钻石的市场也开始成熟起来，合成钻石开始了大量的销售。这些都是合成钻石有关的大事件（见表1-4、表1-5），具体合成钻石的发展历程我们可以简单回顾一下。

一、HPHT合成钻石技术发展历程

1953年，瑞士(ASEA)工程公司首次在高压球里合成出金刚石。

1954年，美国通用电气公司(GE)首次采用高温高压法技术合成出金刚石，1967年美国通用公司研究小组首次提出合成宝石级金刚石的方法。

1971年，美国通用公司研究小组成功开发了HPHT温度差法，合成出粒度5 mm黄色单晶金刚石（Ⅰb型），整个金刚石约1克拉。随后美国、日本、英国和俄罗斯的合成金刚石公司，也纷纷开展合成钻石的竞争研究。

合成钻石原石
中南钻石有限公司合成钻石样品（部分）

1990年，日本的住友电气公司用大晶种方法生长出9克拉的Ⅰb型黄色金刚石单晶，并且把生长速度提高到15 mg/h。

1996年，戴比尔斯公司用1000小时，合成出了25克拉优质Ⅰb型黄色金刚石单晶。

2000年，日本住友公司将无色Ⅱa型金刚石大单晶的生长速度提高到6.8 mg/h，成功合成出8克拉优质Ⅱa型无色单晶，且晶质很高，杂质低于0.1 mm×10 mm，晶体缺陷明显低于天然金刚石。住友公司与戴比尔斯公司在Ⅰb型大颗粒黄色金刚石单晶的技术上不相上下，并且都具备了批量生产的能力。

表1-4 早期世界合成金刚石产量（百万克拉）

年份 国家	1967	1968	1969	1970	1973	1975	1981 — 1982	1990	1992
美国	8	11	13	15	17	19	30	80	90
苏联	6	8	10	10	23	25	30	100	90
南非	2.5	5	7	7	—	—	30	80	85
爱尔兰	1	4	6	7	—	—	—	—	—
中国	0.04	0.08	0.2	0.5	1.2	1.9	21	35	60
其他国家	0.5	2	4	5	—	—	—	—	—
总产量	18	30	40.2	44.5	66.2	76.9	108	300~350	400~500

*细颗粒级别，即1 mm及以下尺寸。

资料来源：谢有赞，金刚石理论与合成技术，1993.
长沙：湖南科学技术出版社

中国的第一颗合成金刚石诞生于1961年。随着我国自主研发且大规模使用的六面顶高温高压装置成功推广，自20世纪90年代中期开始，中国的合成金刚石产量已稳处于大国地位，2003年工业用合成金刚石产量达到了35亿克拉左右。我国宝石级的合成金刚石单晶的研究，始于吉林大学超硬材料国家重点实验室。他们在国产六面顶压机上，于2002年合成出4.5 mm、Ⅰb型黄色合成金刚石单晶，2005年合成出4 mm、Ⅱa型无色合成金刚石。此后中国一大批的机构和企业投入到了HPHT法合成钻石技术的研发中，尤其是在近几年取得了相当不错的成果。

表1-5 各国首次成功合成金刚石的时间

时间\国家	开始研究时间	研制成功时间	投入生产时间
瑞典	1940	1953	1962
美国	1940	1954	1957
南非	1955	1959	1961
苏联	—	1960	1962
爱尔兰	—	—	1963
日本	1959	1961	1963
中国	1961	1963.12.6	1966
德国	1960	1964	1967

资料来源：谢有赞，金刚石理论与合成技术，1993.
长沙：湖南科学技术出版社

二、CVD 合成钻石技术发展历程

CVD 合成金刚石概念的提出几乎与 HPHT 合成金刚石处于同一时期，同时也经历了艰难的发展过程。

1952 年，美国联邦碳化硅公司的 William Evcrsole 在低压条件下用含碳气体成功地同相外延生长出金刚石，但生长速度非常缓慢。

1956 年，俄罗斯科学家通过研究，在非金刚石的基片上生长钻石薄膜，这显著提高了 CVD 合成钻石的生长速度。

1982 年，日本国家无机材料研究所 (NRM) 宣布，CVD 合成金刚石的生长速度已超过每小时 1 微米。

20 世纪 80 年代末，戴比尔斯公司的工业钻石部（现在的 Element Six，元素六公司）开始从事 CVD 法合成钻石的研究，并很快在这个领域取得了世界领先的地位，提供了许多 CVD 合成多晶质金刚石工业产品。他们的 CVD 技术也在珠宝业得到了应用，即把多晶质钻石膜 (DF) 和似钻碳体 (DC) 作为涂层（镀膜），用于一些天然宝石也包括钻石的优化处理。

1990 年，荷兰拉德堡德大学 (Radboud University Nijmegen) 的研究人员用火焰和热丝法生长出了厚达 0.5 mm 的 CVD 单晶体，CVD 合成单晶体金刚石的研发终于取得了显著进展。

CVD 钻石毛坯

1993 年，美国 Crystallume 公司用微波 CVD 法生长出了 0.5 mm 厚度的单晶体金刚石，此后，Badzian 等人于 1993 年生长出了厚度为 1.2 mm 的单晶体金刚石。俄罗斯 NDT 公司和英国元素六公司生产出了大量用于研究目的的单晶体金刚石，除了掺氮的褐色钻石和纯净的无色金刚石外，还有掺硼的蓝色金刚石和合成后再经高压高温处理的金刚石。

进入 21 世纪，宝石级 CVD 合成单晶体钻石的研发有了突破性进展，美国阿波罗钻石公司（ApolloDiamond Inc.）在 2003 年秋开始了用于首饰的 CVD 合成单晶钻石的商业性生产，主要是 II a 型褐色到近无色的金刚石单晶体，重量达到 1 克拉或更大。不仅如此，阿波罗公司还开始实验性生产 II a 型无色合成钻石和 II b 型蓝色合成钻石。

2005 年 5 月，在日本召开的钻石国际会议上，美国卡内基实验室的 Yan 和 Henley 等披露，由于技术方法的改进，他们已能高速度（每小时生长 100 微米）生长出 5 到 10 克拉的单晶体，这个速度是 HTHP 法和其他 CVD 方法商业性生产的钻石的 5 倍。

2011 年宝石级 CVD 合成钻石的技术得到进一步突破，2012 年在中国、美国、印度等珠宝市场上出现了宝石级的 CVD 合成钻石。2013 年在香港

2017 年，德国 Ausgburg 大学合成出一块直径 92 毫米，155 克拉的 CVD 钻石

珠宝市场出现了蓝色CVD合成钻石。2015年，中国的NGTC（国家珠宝玉石质量监督检验管理中心，全称 National Gemstone Testing Centre）研究了具有"树轮结构"的CVD合成钻石。2016年，中国NGTC研究了光致变色CVD合成钻石。

2017年，德国奥格斯堡大学研究人员耗时26年，利用CVD方法成功地生产出了155克拉当时世界最大的合成钻石。

三、两种合成钻石技术发展对比

随着合成钻石技术的不断进步，合成钻石在产量和质量上也在日新月异地发展。无论是CVD法合成钻石还是HPHT法合成钻石，合成钻石切磨后在外观上都足以和天然钻石媲美。HPHT合成法和CVD合成法各有优势，就目前来看，HPHT法更加注重小钻、碎钻的合成，CVD法更加注重大颗粒钻石的合成。原因是HPHT合成小钻的技术经验丰富，且成本相对较为低廉，虽然HPHT法也能合成大钻，但因为各种原因成本要比CVD法高很多。

目前，HPHT和CVD两种方法都可以生产出黄色合成钻石和蓝色合成钻石，主要以添加硼的形式。HPHT合成法可以直接生长出黄色合成钻石、蓝色合成钻石，但蓝色合成钻石目前直接生长出来的效果还不太美观，要经过改色效果才会更好。CVD彩色钻石则需要经过辐照、热处理等二次处理，

HPHT 合成钻石毛坯
图片来源　辽宁新瑞碳材料科技有限公司

才能生产出彩色钻石。无论如何，它们都可以在一定程度上弥补天然彩钻稀缺带来的市场遗憾，这也是合成钻石的卓越贡献之一。目前很多公司已开始推广CVD的合成钻石，包括美国Gemesis公司和Diamond Foundry等。值得关注的是英国的元素六公司，之前它被称作"戴比尔斯工业钻石"(De Beers Industrial Diamonds)。英国元素六公司由恩斯特·奥本海默先生(Sir Ernest Oppenheimer)于1946年成立，目的是提供合成钻石以及创造其他工业用超坚硬材料。此公司精通生产合成钻石、立方氮化硼(Cubic Boron Nitride)以及其他工业用途的特别坚硬的材料。现在英国元素六公司是世界上最知名的培育超坚硬材料的公司，其中包括合成钻石。

四、合成钻石的鉴别及检测方法

合成钻石的鉴别和检测必须由专业机构来负责，因为我们用肉眼或是普通检测设备是无法准确鉴别合成钻石的。在2017年，合成钻石领域诞生了国际培育钻石协会(IGDA)，同时也有了众多的可靠且效率高的合成钻石检测设备问世，合成钻石市场的管理逐渐走向规范化和正规化。合成钻石目前在国际钻石界被称为实验室培育钻石(Laboratory Grown Diamond)，在国外有一些国际权威鉴定机构，如IGI（国际宝石学院）、GIA（美

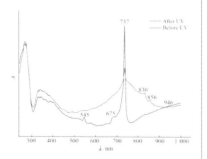

常温下照射前、后CVD合成钻石的紫外可见光吸收光谱
图片来源 《光致变色CVD合成钻石的特征》

国宝石学院）、HRD（比利时钻石高层议会）、EGL（欧洲宝石学院）等，这些机构都可以提供非常专业的合成钻石鉴别和检测服务。在 IGI、GIA、HRD 的证书上基本都把"合成钻石"标注为"实验室培育钻石"，其实这种标注方法是目前国际最正式、最合理的标注方法。反观我们国内的检测机构标注方法较乱，如国内的 NGTC 在证书上标注的是"合成钻石"，其他检测机构有标注"实验室培育钻石"的，也有只标注"培育钻石"的。这些标注的依据分别来源于国标、团标和企业标准，这个问题是业界经营者和广大消费者亟待解决的难题。从专业检测机构的角度来说，合成钻石同天然钻石对比还是有一定不同的。

第一，在钻石的内含物方面：合成钻石具有不同形态合金包裹体，这些包裹体呈浑圆状、棒状、板状、针状等，其排列方式与内部生长区界限相关。其中包裹体还可呈微粒状分散于整个晶体中，且这些包裹体不透明，反射光下呈金黄色或黑色、具金属光泽。

第二，在种晶及种晶幻影区：合成钻石种晶幻影区是在钻石内部存在的沿四方形种晶片向外生长形成的、边缘由相对明亮的细线构成的四方单锥状生长区，无论种晶片是否在加工过程中被磨掉，该幻影区始终存在，在暗域场中或将钻石

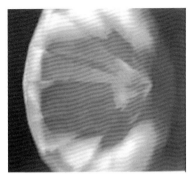

CVD 钻石的橙色荧光和细密的生长纹
图片来源 《光致变色 CVD 合成钻石的特征》

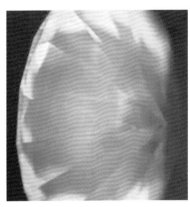

经过 HPHT 处理的 CVD 钻石呈现出黄绿色荧光，
生长纹无改变
图片来源 《光致变色 CVD 合成钻石的特征》

置于浸液中观察该现象表现更为清楚。

第三，在钻石的颜色方面：绝大多数合成钻石呈黄色、褐黄色具沙漏状色带；而天然钻石为无色、浅黄及其他颜色。目前品质较好的CVD钻石也能达到无色或浅咖啡色，肉眼几乎难以辨认。另外绝大部分天然钻石为Ⅰa型，而合成钻石主要为Ⅰb型，少数情况下有双原子集合体氮存在。

第四，在异常双折射方面：正交偏光下，天然钻石因生长及运移过程的复杂性表现出复杂的异常双折射特征，如不规则带状、波状、斑块状和格子状等，而合成钻石异常双折射表现较弱，某些合成钻石呈十字形交叉的亮带。

第五，在发光特征方面：有些合成钻石在长波紫外光下呈惰性，在短波紫外光下显示中等至强的黄绿色荧光，并且具有分带现象，这与天然钻石的荧光特征不同。

第六，在阴极发光仪观察下：合成钻石的颜色为黄色－黄绿色；天然钻石则以蓝色为主，层状生长或复杂的生长形式。

第七，在晶形及表面特征方面：合成钻石常以八面体和立方体聚形为主体，并且可发育菱形十二面体、四角三八面体或三角三八面体晶面，表面可能显示树枝状生长纹或不规则的小丘或瘤状物，这与天然钻石不同。

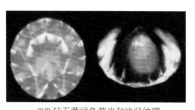

CVD钻石黄绿色荧光和线状纹理
图片来源 《光致变色CVD合成钻石的特征》

合成钻石已成功地在全球销售了很多年，因此也需要用检测机构的鉴定证书评级来定价格，这些通行的做法和天然钻石一样。在国外基本使用的是国际鉴定公司的鉴定证书，目前国际上GIA、IGI、HRD都有合成钻石鉴定证书，合成钻石在国际钻石界被称作"实验室生产钻石"或"实验室培育钻石"。不过不知GIA出于什么样的立场和选择，或是为了在表面上继续支持天然钻石，GIA仅在合成钻石证书上标粗略级数，不像天然钻石一样标准分级，而IGI、HRD、EGL则会标详细的合成钻石分级。其实这样一来，GIA就给了IGI极大的发展机会，目前IGI的合成钻石鉴定证书量已达全世界第一，而且，很有可能其合成钻石证书的业务，还会带动其天然钻石的鉴定证书业务。我曾参观过IGI在上海、香港和孟买的实验室，IGI未来一定会因合成钻石的大发展而迎来一个新的高速发展机会。现在在美国、印度和中国，一提起国际合成钻石证书我们都自然会想到IGI，IGI的高瞻远瞩以及对合成钻石的公正态度，必然会提高IGI在业界的鉴定地位。在国内，NGTC的立场和GIA类似，据说他们其实内心很支持合成钻石的，同时也看好合成钻石的未来发展，不过由于执行国标或是不想影响天然钻石鉴定业务等原因，目前他们也只能做到合成钻石加商用名为

GIA 合成钻石分级证书

IGI 合成钻石检测证书

HRD 合成钻石证书

培育钻石的"擦边球"地步。国内最支持合成钻石的鉴定机构是华测，全名为"华测检测认证集团股份有限公司"，是一家总部位于深圳市的第三方检测验证公司，成立于 2003 年，2009 年 10 月成功在深交所挂牌上市，股票代码：300012。华测在中国国内的合成钻石鉴定证书占有量是很大的，他们公司最早开始提供合成钻石的详细鉴定分级。现在也有一些国家级的鉴定检测机构开始进入这一领域，如：国家金银制品质量监督检验中心（南京）和中国海关总署旗下的中检集团等。

综上所述，我们可以看到合成钻石在国内正开始有合法的检测鉴定证书，这将极有利于未来合成钻石在中国国内的推广。不过唯一遗憾的就是我们的 NGTC，作为中国珠宝鉴定检测领域的龙头老大，如果 NGTC 可以把合成钻石更名为"培育钻石"，并且有详细的培育钻石分级就好了，届时中国人的合成钻石就有了中国实力最强的鉴定检测机构加持，就更容易在国内进行全方位的宣传推广了。

证书	天然钻石（有/无）	合成钻石（有/无）
国际宝石学院（IGI）——IGI钻石等级证书	有	有
美国宝石学院（GIA）——GIA钻石等级证书	有	有
比利时钻石高阶议会——HRD钻石等级证书	有	有
欧洲宝石学院——EGL钻石等级证书	有	有
国家金银制品质量监督检验中心（南京）——NGSTC钻石分级证书	有	有

天然钻石与合成钻石的权威鉴定证书

第三节 中国合成钻石的力量

提到合成钻石不提我们中国人实在有些说不过去，谁让我们中国的合成钻石产量已连续17年占据世界第一。作为世界上最大贫钻国家的中国，在天然钻石领域吃尽了苦头，没想到在合成钻石领域却扳回了一局，一不小心就成了合成钻石生产的老大。不过在中国合成钻石已取得不小成绩的同时，我们也要看到中国合成钻石的不足，尤其是在生产技术领域的研发必须加快和加强，否则我们在日后的世界合成钻石大战中未必可以百战百胜。要想了解我们中国合成钻石的力量，我们必须还要从整个中国的合成钻石发展史开始梳理。

一、中国合成钻石的发展历程

中国最早进入合成钻石领域是在20世纪的60年代。此前由于金刚石资源贫乏，只能依靠从苏联或是刚果进口，但是后来由于某些原因，中

1999 年 10 月 29 日的《中国建材报》第一版历史见证（国庆 50 周年专稿）刊登了"从千斤顶到两面顶——看中国建材工业超硬材料合成金刚石的沧桑巨变"记载了我国人造合成金刚石从无到有，从小到大，晶体院所走过的艰难和辉煌历程。

无色 HPHT 合成钻石刻面成品
图片来源　《中国人工宝石近十年最新成果》

国的金刚石来源被切断，这严重影响了中国精密制造产业和国防工业的发展。为摆脱这一困境，1960年10月中国开启"人造金刚石试验研究"项目，只用了短短3年的时间，中国在自主生产的高压装置上成功合成出了金刚石。目前郑州华晶金刚石股份有限公司、中南钻石有限公司、河南黄河旋风股份有限公司等大型合成金刚石企业均已成功研发生产出了大颗粒合成钻石。其中，中南钻石、黄河旋风与华晶三家现在分别是世界前三名的合成钻石生产企业。

近年来，中国合成钻石产业蓬勃发展，合成钻石生产技术与规模都在不断提高，在产量和质量方面都达到世界第一阵营。据相关数据统计显示：2018年我国宝石级合成钻石产量已经达到130万克拉左右，在全球范围来看这个产量已高居世界第一的位置。作为世界上合成钻石主要生产国之一，中国在该领域长期处于领先地位。现在中国约有10000台大容量高压高温立方体压力机和超过25000台低容量压力机在正常运作，主要生产供应用于工业领域的合成钻石粉末。中国钻石粉末的年供给量高达100 亿克拉，仅中国生产的钻石粉末就足已使全球市场达到饱和状态。在宝石级合成钻石领域，我国目前主要以HPHT合成法为主，可生产出无色钻石或不同颜色等级的彩钻，如艳彩黄、浓彩黄、粉钻、蓝钻等彩钻。据相关

HPHT 法合成钻石毛坯
图片来源　《中国人工宝石近十年最新成果》

数据统计显示：全球宝石级小颗粒无色合成钻石几乎都在中国制造，国产HPHT大颗粒合成钻石产量则相对较少，价格较高，产量约占全球50%。合成钻石除了在珠宝首饰方面的应用外，同时在很多领域也都有重要的价值，如工业、科技、国防、医疗卫生等。随着中国合成钻石技术的进步，合成钻石的性价比还会大幅度提高，成本还会不断下降，未来中国的合成钻石产业毋庸置疑将成为一个庞大的产业。

由于天然钻石的供给受到了储藏量和发掘、开采能力的制约，在最近的十年中呈现了负增长态势，或许在这两年天然钻石将达到开采的顶峰。回首整个天然钻石行业，天然钻石的开采已有150年的历史，由于近20年来没有什么大的矿床被发现，钻石的供给基本属于稳中有降。目前在全球已探明且具备开采价值的钻矿有50余个，大多分布在澳大利亚、刚果（金）、博茨瓦纳、俄罗斯和南非，其中宝石级钻石主要产自博茨瓦纳、南非和俄罗斯。在2009年后，天然钻石毛坯开采量基本稳定在1.3亿克拉以下。据有关统计数据显示：预计2019至2030年，钻石的供给量将以每年1%～2%的速度下降，伴随着全球消费者对钻石需求的增长，天然钻石的供需缺口或将逐渐拉大。与天然钻石相比，合成钻石具有着明显的成本优势，这将为合成钻石的珠宝商带来巨

金黄色 HPHT 合成钻石刻面成品
图片来源：《中国人工宝石近十年最新成果》

大的利润空间。合成钻石的原材料是石墨，或是高纯度甲烷等气体，因此生产成本相对低廉。相对于开采成本过高的天然钻石，合成钻石具有很大的价格优势。我们以20分以下碎钻为例，天然碎钻原石1克拉价格约为1000元，HPHT法合成钻石20分以下每克拉为250～300元，价格仅为天然碎钻的四分之一左右。如果是合成钻石的大钻和彩钻，合成钻石的价格优势就更明显了。不仅如此，从大量的市场调研中我们可以发现，千禧一代（1980－2000年出生）对钻石的态度发生了转变，相比被限定应该为婚姻选择什么产品时，年轻的消费者更重视性价比、环保和道德感。同时相关调研数据还显示：钻石价格和钻石大小成为选择钻石时消费者最看重的因素，分别占到总样本的23%和22%，而这些因素都对合成钻石更加有利。合成钻石对比天然钻石来说不仅具有明显的价格优势，同时在钻石大小、品质、颜色、理念上迎合了差异化、个性化的新一代消费需求。中国作为世界第二大的天然钻石消费国，我们一直都十分关注天然钻石，从而忽视了中国是世界上最大的合成钻石生产国这一事实。

纵观整个中国合成钻石产业的发展，我们或许可以认为中国天然钻石市场的成长，就是为中国合成钻石市场未来高速发展而准备的，尤其是现有的消费者更是非常适合完成天然钻石向合成钻石的转换，我想未来中国的合成钻石产业会越来越辉煌。

二、中国合成钻石的主要生产设备

在合成钻石生产设备方面，中国自主研发了独树一帜的六面顶压机，这是目前中国最重要的合成钻石生产设备。其实世界上最早的合成金刚石、宝石级合成金刚石的研发和生产，都是在两面顶压机上实现的，并且两面顶压机在超高压产品的研究和生产中长期处于主导地位。

1963年，中国的第一颗合成金刚石也是在两面顶压机上完成的，然而自20世纪90年代中后期，中国实现合成金刚石的大规模稳定生产却都是在六面顶压机上实现的。中国的高温高压合成金刚石领域采用六面顶压机，这种具有中国特色的铰链梁六面顶压机和高温高压合成工艺，是我国区别于其他国家的特有高新技术。这主要是源于六面顶压机的特点决定的，六面顶压机在高温高压合成时，六个顶锤同时向中心移动，逐渐挤压叶腊石块而建立密封腔体。六面顶压力组装结构的配件制作不是很难，正常合成过程中各配件不需要进行尺寸调整。升压和卸压速度快，压力、温度测量简单，成功率高，可操作性强。六面顶压机单台设备生产周期仅需24至32小时，大大缩短了CVD法所需的生产时间，且质量和产量均达到国际先进水平。中国目前有大量的六面顶压

豫金刚石自主研发的六面顶压机

机生产企业，据说俄罗斯NDT公司就是利用中国产的六面顶压机研发出世界上最先进的高温高压合成钻石生产技术。以此来看，在未来相当长的一段时间内，六面顶压机在合成钻石生产领域仍将是主流的生产设备。当然在中国还有大量的CVD合成钻石生产设备，它们主要都以国外设备为原型，在最近几年才开始研发出来的，大多国产设备的稳定性和产品水平还处于不高的状态。由于在大克拉的合成钻石生产方面CVD法有着很大的优势，同时在一些特殊的合成钻石生产领域，六面顶压机是没有办法生产的，如片状或高净度的合成钻石，因此我们有理由相信在不远的将来，中国的CVD合成钻石生产设备将得到空前的发展。

根据有关资料的统计：在 2018 年 CVD 合成钻石机器世界分布情况是印度为 800 台、新加坡为 300 台、中国为 300 台、美国为 120 台、日本为 100 台、欧洲为 50 台、俄罗斯为 25 台、以色列为 25 台，全球总计有 1720 台。作为 CVD 合成钻石机器，我们中国的数量和全球的总量对比确实还是不多，但在未来的发展速度上我们还是较快的。同时也根据有关资料的预测：在 2021 年，印度的 CVD 合成钻石机器将达到 2000 台，为世界第一，其后分别是：中国为 1200 台、以色列为 500 台、美国为 300 台、新加坡为 300 台、俄罗斯为 200 台、欧洲为 200 台、日本为 100 台，这样全球总数预

CVD 等离子反应器
图片来源 Diamond Foundry

计为 4800 台，我们中国将占全球的四分之一。虽然 CVD 合成钻石生产设备我们是落后，但是我们在 HPHT 六面顶压机的数量上是遥遥领先的，比如在 2018 年中国有 7000 台六面顶压机，俄罗斯有1500 台 HPHT 生产设备，欧洲有 200 台 HPHT 生产设备。综合来看，我们中国的整个合成钻石生产设备总数量上还是世界第一，但是在世界合成钻石大钻生产的神器——CVD 机器方面，我们还有相大当的增长空间。如果未来中国仍想保持合成钻石产量世界第一的话，我想我们国家的 CVD 合成钻石生产设备数量一定要超过印度，达到 2000 台以上，并且在生产技术上还要有所突破，这样我们中国才可能稳居世界第一位。

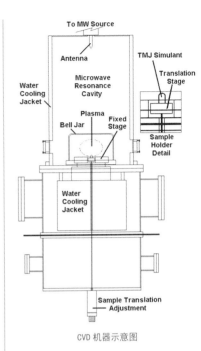

CVD 机器示意图

三、中国合成钻石的主要生产企业

中国是世界合成钻石的主要生产国，现在年产量占全球金刚石总量的90%以上，中国合成钻石产品主要以HPHT法生产为主，产量大。如果按合成钻石的产量来看，我们国内的合成钻石生产呈现集中态势，河南省作为我国超硬材料的发源地，其合成钻石产量占全国总产量的70%以上。目前合成钻石行业产销规模领先的企业包括中南钻石有限公司(上市公司中兵红箭股份有限公司的子公司)、河南黄河旋风股份有限公司和郑州华晶金刚石股份有限公司等，当然也有一些其他的中小型合成钻石生产企业，但还是这些以HPHT法生产合成钻石的企业较有实力，未来或许也将诞生一批较具实力的CVD法合成钻石生产企业。根据现在已掌握的资料来分析，目前在国内较具实力的主要合成钻石生产企业有如下几个。

1. 中南钻石有限公司

中南钻石有限公司是中国兵器工业集团公司下属企业，现为上市公司中兵红箭股份有限公司（股票代码：000519）全资子公司。公司位于南阳市方城县产业集聚区超硬材料产业园，总资产48亿元，占地1070亩，设有深圳分公司和南阳分公司，拥有郑州中南杰特超硬材料有限公司、江西申田碳素有限公司两家全资子公司。中南钻石有限公司主导产品工业金刚石产销量及市场占有率连续多年稳居世界首位，产品出口到欧美、印度、日本、韩国等40多个国家和地区。在宝石级的合成钻石领域，他们的高温高压法合成宝石级金刚石产品技术处于国内行业领先水平，远远领先于国内其他相关企业。中南钻石是国内首个批量生产4～7 mm优质合成钻石的企业，实现了Ⅱa型钻石的产业化生产。

2. 郑州华晶金刚石股份有限公司

郑州华晶金刚石股份有限公司成立于2004年12月，2010年3月在深圳证券交易所创业板上市（股票简称：豫金刚石，股票代码：300064）。他们是一家集超硬材料及其制品产业链专业研究、生产和销售为一体的高新技术企业，为超硬材料行业栋梁企业和河南超硬材料产业基地的骨干企业。其掌握人造金刚石相关产品的合成工艺、设备、原辅材料的核心技术和自主知识产权，拥有博士后工作分站和经中国合格评定国家认可委员会认可的检测中心。依托其核心技术和规模优势，经过多年的发展和积累，公司已形成涵盖石墨矿、人造金刚石及原辅材料、大单晶金刚石及饰品、微米钻石线、超硬磨具（砂轮）等产品系列，产品作为工程材料和功能材料广泛应用于国防军工、航空航天、装备制造、电子技术和清洁能源等国计民生各个领域。2020年1月15日，由郑州华晶金刚石股份有限公司负责起草的企业标准Q/SC001-2020《培育钻石的鉴定与分级》正式发布并于16日实施。

郑州华晶

3. 河南黄河旋风股份有限公司

河南黄河旋风股份有限公司于1998年在上海证券交易所上市（股票代码：600172）。公司现已发展成为集科研、生产、贸易于一体的国家大型企业，下属成员企业分布于长葛、郑州、北京、上海四地。公司是河南省政府重点扶持50家大型企业，也是少数被国家列为"火炬计划"重点高新技术企业的民营上市公司，公司拥有国家级企业技术中心和企业博士后科研工作站。公司主要生产人造金刚石和金刚石制品，主导产品有

黄河旋风

UDS系列金刚石压机、人造金刚石、立方氮化硼、金刚石厚膜、金刚石微粉、金刚石制品、建筑机械及自动化控制装置等。2016年，黄河旋风就已经完成了"1～5 mm宝石级无色单晶金刚石合成关键技术研发与产业化"项目，取得了合成钻石技术上的重大突破。

4. 宁波晶钻工业科技有限公司

宁波晶钻工业科技有限公司坐落于美丽的东海之滨——宁波市，公司拥有多名跨行业外籍及海归研究员、教授、博士，与中国科学院宁波材料所共建技术研发中心，并同日本、美国多家跨国公司、大学、研究所建立长期战略联盟。自有多项国内国际领先的专利等核心知识产权。公司以天然和人造金刚石为材料基础，以激光微细超精加工、纳米制造、CVD等国际前沿现代制造技术为手段，致力于金刚石及金刚石工具和相关装备的研发、生产、销售与服务公司。目标成为国内知名、国际著名人造金刚石及制品和相关装备专业示范企业。

5. 征世科技上海有限公司

征世科技上海有限公司在2002年于上海青浦区华浦科技产业园C栋成立，开始了基于CVD技术的单晶金刚石实验室培育之路，依托日本进口的两台精密设备，利用天然钻石作为生长种子，经过十来年的潜心研究和试验，公司在工业生产技术方面取得了重大突破，开创了微波等离子体化学气相沉积法(MPCVD)，提高了产品的质量、产能和规格精度。同时，降低了生产能耗，提升了生产效率。依托先进的MPCVD技术，研发团队在2007年实现了实验室成功培育CVD原石钻胚，2009年培育了工业用金刚石原石，2013年试做了宝石级CVD单晶钻石。经过持续的研发和努力，征世是全球能够实现在无需HPHT（高温高压）改色处理的情况下，直接生长最纯净品质的CVD钻石（D-F色，IF-VS1净度）的行业领先企业。

6. 济南金刚石科技有限公司

济南金刚石科技有限公司（原济南中乌新材料有限公司）成立于2015年6月，位于济南高新区孙村战略性新兴产业基地。目前公司拥有生产厂房建筑面积36 000平方米，拥有国际先进的六面顶压机71台，公司技术来源为国家科学技术部2011年科技合作专项"人工合成大颗粒金刚石制备技术引进"，2014年11月国家科技部组织的项目验收组的验收意见为达到国际领先水平。公司充分利用乌克兰技术研发优势和国产设备的优势，将引进技术消化吸收再提高并产业化。中乌新材是由山东贝斯特环境技术有限公司分离出的专业化生产金刚石及其应用产品开发的专业化公司。公司是目前世界上唯一能用HPHT法产业化生产Ⅰb、Ⅱa、Ⅱb型大颗粒金刚石单晶的企业，产品单粒单重达 10 克拉以上。

其实中国还有很多非常优秀的合成钻石生产企业，比如杭州超然金刚石有限公司，这个 2019 年 4 月 2 日创于浙江省杭州市萧山区的企业，创始人为 THOMAS BIN YU，在 CVD 合成钻石生产领域掌握着世界顶级的生产技术，但这些合成钻石生产企业都由于各种原因相对低调或处于保密状态，因此我也就不再一一详细介绍了。

总而言之，我们中国正处于一个合成钻石大发展的关键性历史时期，不久的将来定会涌现出一大批的优秀合成钻石生产企业，成为我们中国合成钻石事业大发展的坚实后盾。

四、中国合成钻石领域有贡献的专家学者

中国作为世界上最大的合成钻石生产国，其实我们还要感谢一些专家和学者的卓越贡献，是他们用自己的努力奠定了我们中国合成钻石事业，为我们中国未来在合成钻石领域领先全球提供了极其重要的先决条件。这些专家和学者有很多，其中最有代表性的人物主要有：方啸虎教授、王光祖教授、邹广田院士、吕智教授、陈启武教授和单崇新教授等。

1. 方啸虎教授

中南工业大学和北京科技大学等兼职硕士研究生导师、中南大学兼职教授、博导。曾任冶金部北京地质研究所岩矿室四组组长和桂林矿产地质研究院勘探室金刚石大组组长、桂林金刚石总厂车间主任、厂长，杭州江南贸工集团公司总工程师。他编著出版了《合成金刚石的研究与应用》，主编了《超硬材料基础与标准》和《超硬材料科学与技术》，以及编著了《中国超硬材料新技术与进展》等六本著作。不仅如此，他还发表了论译文160多篇，在中国合成钻石领域是不可多得的理论研究者。他还获得过两项部优、四项省优、一项省百花奖和部级金刚石钻头竞赛第一名等。1985年他被评为部级"先进工作者"，1988年他被广西壮族自治区评为区"学科带头人"， 1990年他被评为广西"科技兴桂"优秀科技工作者。不仅如此，他还参加了中国重点课题"金刚石地质岩芯钻探的推广应用"，获国家科技进步一等奖。合作主持过"2# 和 2# 含 B 新触媒的试验"和参加过"小口径人造金刚石钻探技术"项目，这个项目获全国科学大会奖。

2. 王光祖教授

著名超硬材料专家，享受国务院特殊津贴。中国第一颗人造金刚石研制者之一，是中国六面顶合成压机合成工艺的主要负责人，创造性地解决了该类型压机的高压密封问题，是中国人造金刚石工业化生产的主要参加者，是中国人造金刚石工业从无到有、从小到大的参与者和见证人。1978年分别获全国科学大会和河南科学大会奖。

1988年获机械电子工业部科技进步一等奖。1989年获国家科技进步二等奖。主要专著有：《超硬材料制造工艺学》《超硬材料》《立方氮化硼合成与应用》《金刚石合成系统工程问与答》《人造金刚石探秘——王光祖论文集》等。主编《超硬材料译文集》共11集，近百万字。他为中国合成钻石科研、生产、发展呕心沥血几十年，为我国超硬材料工业的发展做出了重大贡献。

3. 邹广田院士

物理学家，中国科学院院士，吉林大学教授，凝聚态物理专业博士生导师，吉林大学超硬材料国家重点实验室主任。长期从事高压物理和高压相材料研究，领导创建了我国第一个可以进行高压原位研究的超高压实验室和超硬材料国家重点实验室。他与合作者在国内率先创立了一系列原位超高压测量实验系统和实验技术，发展了百万大气压下静水压的产生、标定和激光加热中的诸多关键实验技术；发现和确定了200余个新的高压相和新奇的压力效应，揭示了一些新的压致相变机制和规律。他是国内地球及行星内部物质的早期高压研究者之一，在该领域做出了重要贡献。他还是国内超硬多功能薄膜材料和多功能高压相材料的主要开拓者之一，合作研制出国内第一片CVD金刚石薄膜，世界上第一片按设计图案选择性生长的金刚石薄膜，并在国际上首次实现了

CVD金刚石膜用于半导体激光器的热沉，这些早期工作为我国CVD金刚石的研究和应用奠定了基础。

4. 吕智教授

中国料材学会常务理事，超硬材料业专委员会主任。教授级高工，国务院特殊津贴专家。他参加和主持完成了14项有关人造金刚石多晶材料、立方氮化硼多晶复合材料、金刚石石材加工工具、宝石加工用电镀工具等方面的技术研究和开发项目。这些项目具有国内先进水平，其中一项达到国内先进水平，为解决国内高性能PCD和PCBN产品性能稳定以及该产品的工业化生产的重大技术难题作出了突出贡献。他曾获省部级科技进步一等奖2项、二等奖5项、三等奖2项；先后在全国性学术会议或学术期刊上发表学术论文50余篇、出版专著1部。

5. 陈启武教授

冶金部长沙矿冶研究院副院长。他1962年8月毕业于清华大学数学力学系，是国家科委冶金新材料专家组特邀专家、湖南省科协委员、中国科学基金研究会会员。大学毕业至今一直从事材料科学方面的研究工作。1962年8月至1965年5月在中科院长沙矿冶研究所从事压力加工理论研究，1965年5月至1968年11月在中科院沈阳金属研究所从事难熔金属材料及爆炸成形方面的研究，1968年11月回到长沙矿冶研究院，从事磁性材料、可伐合金及超导材料的研究。20世纪70年代初期着手人造金刚石用触媒材料及合成工艺研究，研制的2号触媒材料获全国科技大会三等奖。主持建立了高压实验室，研制了长形针状金刚石。1985年受命组建了超硬材料研究室，同时作为课题负责人承担了冶金部重点课题"优质粗粒金刚石研究"，研制出φ23毫米反应体合成工艺，并于1993年4月进行了部级鉴定。

6. 单崇新教授

郑州大学物理工程学院教授、博士生导师、副院长。作为一位深耕光电器件相关领域的专家，单崇新教授带领团队开发出化学气相沉积方法，并通过这种方法合成的人工钻石纯度达99.99999%，早在2016年就研制出克拉级高品相钻石，2019年研制出两英寸光学级金刚石晶体。单崇新教授是迄今为止河南省最年轻的中原学者。

五、中国合成钻石的市场现状与前景预测

中国目前还没有专业的合成钻石市场规模统计，虽然国外有数据预估说中国的合成钻石销售占全球的10%，但这些数据的准确性目前还不得而知。不过有些机构曾预估过，如中国产业竞争情报网的数据是：2020年的中国宝石级合成钻石需求量为345万克拉，2021年的中国宝石级合成钻石需求量为680万克拉。当然这只是关于中国宝石级

合成钻石需求量方面的估计，到底我们中国现在的合成钻石市场现状如何？初期的市场是否已经真的形成？经过半年左右的市场调研与分析，尤其是重点对线上网购合成钻石和定制店进行了系统的研究和分析，我们初步对合成钻石市场的研判总结如下。

首先，目前网购是较主流的直接购买合成钻石的渠道。在网上有很多的合成钻石品牌可以供消费者直接选购，这与美国的合成钻石网上大卖情况十分类似。我们可以说美国的市场发展情况，大概率也将是中国的市场发展趋势，中国整个合成钻石市场的成长轨迹我们真的可以参照美国市场的成长路线。在网购平台上主要是淘宝、京东和其他国内主流的购物网站，具体销售较好的合成钻石品牌有Diamond Foundry、CARAXY（凯丽希）、魔心之光和Ｉ　CAN（我能）等国内外合成钻石品牌。品牌和实力还与国外有相当大的差距。形成这种局面的原因是一方面在选择钻石销售渠道时，国内的主流消费者主要还是选择线下，中国线上钻石销售一直发展较国外缓慢，但整体的线上钻石销售发展趋势还是不错的。

其次，中国有大量的钻石定制店在销售合成钻石。一直以来，中国的钻石销售都有一批很特殊的销售渠道，那就是中国在各省会级城市和经济较发达的城市，存在着大量的钻石定制店。很

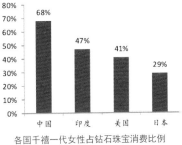

各国千禧一代女性占钻石珠宝消费比例
数据来源　中国产业竞争情报网

多时候在传统的珠宝渠道销售价格较贵时，或可选择的款式较少时，消费者大多会去钻石定制店消费，因此也就诞生了大量的钻石定制店。我们千万不要小看这些钻石定制店的钻石销售方式，因为这种设在办公楼里或其他地方的钻石定制店年销售量也是十分高的，很多可以达到千万级，百万级仅是他们的普通入门级，更有些甚至可以达到亿级的年销售总额。据不完全统计：在四川省就有120家左右的钻石定制店，其中销售额排前两名的店在2019年的销售额大约分别为1.2亿元和5000万元，当然这不是官方数据，只能算小道消息，仅供参考。由于合成钻石的价格足够便宜，且钻石定制店的相当大比例目标客户正好也是合成钻石的客户，因此在深圳绝大部分合成钻石中小批发商们的主要客户就是这些做钻石定制的。初步预计在全国成规模的钻石定制店不低于1000家，其中提供合成钻石定制的定制店也将达到数百家。

最后，中国大量的合成钻石销售通过灰色渠道进入了中国传统钻石市场。中国在拥有大量钻石定制店的同时，还有大量的钻石超级销售个体存在，比如大量的微商、淘宝直播和网红带货等新兴的销售渠道。这些难以统计的钻石超级销售个体确确实实是大量存在的，而且他们的销售能力也是非常强悍的。据不完全统计：在中国珠宝

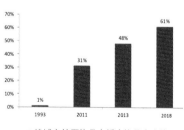

一二线城市钻石饰品在婚庆饰品中占比
数据来源：中国产业竞争情报网

首饰行业中有 6 万微商，这其中就有大量的微商
开展了合成钻石的销售。当然这些销售渠道所能
销售的都是客单价较低的合成钻石成品，一些较
大的合成钻石都被一些不法商人以冒充天然钻石
套证的形式销售出去了，很多甚至成为大量境外
赌场的绝当品（是指质押在典当行到期未赎的民
用物品，一般包括各种有价的珠宝玉石、箱包腕表、
数码产品等），或是充当被身在国外的中国游客
买回的低价"天然钻石"，尤其是经台湾商人卖
到泰国不法商人处的套证货。我们不能说所有新
兴销售渠道都没有合法纳税，我们也不能说套证
天然钻石时消费者都不知情，因为钻石作为广大
女性朋友都喜爱的一种特殊商品，尤其是由男人
广泛使用的示爱商品，自然会存在着大量的低端
和不阳光消费。

　　中国合成钻石的消费还是最近两年才开始的，
因此中国最主流的钻石销售渠道尚未启动合成钻
石销售，这也就造成了销售额并不太高的局面。
不过由于有大量的商家已开始步入合成钻石的传
统渠道，估计在 2020 年将有大量的传统渠道开始
销售合成钻石，这样中国的合成钻石市场必将迅
速扩大。据 2017 年的数据统计：中国的天然钻石
饰品销售约占全球的 16%，而美国占全球的 48%，
美国钻石饰品的市场规模是我们中国的三倍。这
些数据可以帮我们推测一下中国的合成钻石市场

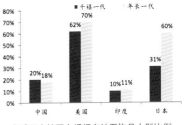

全球四大钻石市场拥有钻石饰品人群比例
数据来源　中国产业竞争情报网

规模，理想的情况下是中国合成钻石市场是美国的三分之一。我们中国现在的合成钻石仅占全球的10%，而美国则占全球的80%，那么中国和美国合成钻石市场八倍的差距就是我们中国未来的增量。2017年全球钻石饰品的需求为820亿美元，假设2020年的全球钻石饰品的需求仍在820亿美元左右，按合成钻石占总量的5%计，则约有41亿美元的市场需求。我们中国如果能占全球合成钻石30%的份额，则中国在2020年应有12.3亿美元的市场规模，但这是很难实现的市场规模，因为在2020年我们中国才开始追赶美国，达到占比全球合成钻石市场规模的30%是基本不可能的。

我们中国现在官方统计的全年黄金珠宝销售总额在7000亿元左右，如果加上中国珠宝终端目前盛行的换购营销，尤其是旧金的回收和换购也计作销售的话，中国每年的黄金珠宝实际销售总额应在1万亿左右。如果我们把钻饰销售占比预估为20%计算、则有2000亿元的全年钻饰销售总额。中国全年有2000亿元的钻饰需求，这其实是一个很保守的数字，因为为了逃避商场珠宝高扣点的原因，很多商家销售的明明是钻饰，实际报给商场的都是黄金。不仅如此，现在大量的传统珠宝店都有钻饰换新业务，无论是折价换新还是全额换新，都几乎同时发生了回购和第二次销售，这也会带来钻饰实际需求数据上的增长。另外中国大量的钻石定制店和超级钻石销售个体的钻石销售数据都很难统计，因此中国现在每年的钻饰需求估计远在2000亿元之上。

假设中国全年的钻石市场总量为2000亿元，按合成钻石销售额占总量的5%计，则有100亿元的销售规模；按合成钻石销售额占总量的10%计，则有200亿元的销售规模；如果十年之间增长到占比50%，则约有1000亿的销售规模。中国有没有可能用10年的时间，把合成钻石的销售规模做到1000亿元人民币，这或许是被业界听到都会笑我们疯了的假设，但是我们中国珠宝首饰行业曾经发生过的疯狂事还少吗？我曾经有一个梦想，那就是在中国开设1000家合成钻石销售终端，然后每家店以每天1颗合成克拉钻做特价来促销，则我们每天可售出1000颗克拉钻，按每颗克拉钻均价在15000元计，则每天有1500万元的销售，全年按365天计则有54.75亿元的销售额。这仅仅是1000家店的每天一个克拉钻促销的销售额，如果每家店每天能销售达10万元，全国有10000家这样的珠宝销售终端，都可以达到这种合成钻石的销售额来假设，则全国每天合成钻石的销售可达10亿元，每年的合成钻石销售总额则达3650亿元。哪怕是我的假设只达成30%呢？那不就超过了1000亿元吗？这还只是我对传统珠宝店销售合成钻石的预估，还没有加上其他销售渠道的销售收入，

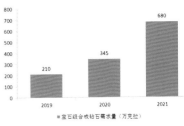

2019-2021年国内宝石级合成钻石需求预测
数据来源 中国产业竞争情报网

总之我们认为未来达到1000亿元合成钻石销售规模只是时间的问题。或许10年，或许20年，在时间的延长线上中国的合成钻石销售规模总能达到1000亿元。有什么更快的方案达成这个千亿级的目标吗？曾有人问过我这样的问题，我也开玩笑式的做出了回应：首先，如果我们能意识到合成钻石对中国珠宝首饰行业的重要意义，全面规范天然钻石的依法纳税和打击钻石"灰色进口"，并且全面鼓励消费合成钻石，则中国合成钻石每年的增长率或将超过20%。其次，中国千家店规模的珠宝品牌大部分都开始销售合成钻石，则中国立即可以拥有上万家合成钻石店的规模。最后，如果中国真有人有勇气每天投放市场1000颗成本价合成克拉钻，或是更大胆一些每天投放10000颗成本价合成克拉钻，则用不上10年，中国的天然钻石销售占比必将会大幅度地下降。

作为一个受益于天然钻石的中国珠宝人，我其实并不希望天然钻石的市场需求如此大规模地下降，天然钻石也真的不是合成钻石的敌人。其实我认为一旦中国合成钻石崛起，大概率上也会因合成钻石的增长而带动中国整体的钻石消费增长，合成钻石会抢K金、硬金、彩宝和其他市场的份额，当然最好能全面消灭中国的锆石和莫桑石这些仿钻市场。我之所以拿天然钻石举例，主要

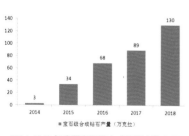

2014-2018 年我国宝石级合成钻石产量表现
数据来源：中国产业竞争情报网

是因为天然钻石和合成钻石是同样的产品，它们之间确实有着最大的替代关系，但是从更宏观的角度来看它们，它们其实还有共同抢占其他产品市场的可能。未来十年间天然钻石的矿业，因成本的原因大概率会陆续关闭，同时大部分的天然钻石库存也将消耗殆尽，届时天然钻石的供应自然会有所减少。如果中国的合成钻石市场真如我假设那样迅猛疯狂地发展起来，我想在十年的时间把合成钻石做到中国天然钻石市场的一半是有可能的，我们有动员能力世界第一的政府，我们中国珠宝人有用20多年就把天然钻石消费做到世界第二的能力，我们中国有14亿的可爱消费者，因此合成钻石完全可能就是我们中国珠宝首饰行业的新未来。

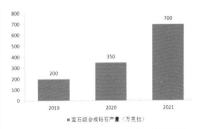

■ 宝石级合成钻石产量（万克拉）

2019-2021 年国内宝石级合成钻石产量预测

数据来源：中国产业竞争情报网

第二章 万众瞩目的合成钻石发展格局

合成钻石的理性派与激进派   *049*

合成钻石的主流消费群   *058*

合成钻石的世界发展格局   *065*

合成钻石如何在珠宝终端中破局   *074*

第一节 合成钻石的理性派与激进派

初步了解了合成钻石，只是打开了合成钻石的第一扇门，合成钻石更多的知识和信息，都要从研究合成钻石发展的格局开始。在这个充满机遇与挑战、充满争议与赞扬的合成钻石世界，我们会看到不同角度和不同立场的人或组织，对同样的新事物截然不同的看法。既得利益者和新派挑战者正想尽办法，为争取自己的利益大打舆论战，让本应纯净的钻石有了更多的谎言和欺骗。理不辩不明，我想越是争论越容易让人们看清合成钻石的未来，也更加容易让人们了解合成钻石。总之合成钻石的大势已来，不管我们如何阻挡，关系全世界消费者福祉的合成钻石都已来了。说起合成钻石，有些人觉得它们是仿品，有些人觉得它们是假货，或是根本无法挑战天然钻石的廉价货。不过也有些人觉得它们是天然钻石的掘墓

开采而来的天然钻石

人，它们是一个可以彻底快速颠覆传统钻石行业的革命者。我也就此与许多业者和专家们讨论过，我个人觉得我们应理性地看待合成钻石，这样可以静下心来去推演未来整个世界的合成钻石发展，也可以真正地判断出合成钻石发展所带来的无限商机，否则，我们或许会错过本世纪最大的一次行业机遇。如果把合成钻石当成一个全新的珠宝品类来看，对合成钻石的前景有如下的判断。

一、站在天然钻石立场的传统打压派

对于会影响到自身利益的事，人的下意识反应都是排斥的，就好比天然钻石对合成钻石的态度。其实一直以来天然钻石的发展都不是一帆风顺，自天然钻石成为宝石之王后，就不断有各种仿石和假货与之竞争，而现在合成钻石的不断进步也让天然钻石业者忧心忡忡。其实作为从业者，我们都知道相对消费需求来说，天然钻石的产量和储量都是十分巨大的，但我们经常听到的是类似天然钻石的产能正在不断下降，天然钻石的钻矿开采就要枯竭这样的新闻，让我们错误的认为天然钻石是如何稀少似的，其实这个世界稀少的是一克拉以上的大钻，29分以下的小钻和30～99分的中钻真的并不能说是稀少。另外，我们从来听不到现在世界已加工好的成品裸石库存有多大，也听不到全球珠宝零售终端钻饰成品库存量有多大，当然这还不包括已开采出来的天然钻石的毛

代表绿色环保的合成钻石

坯库存量。这些是地球上人类所未使用的钻石，如果再加上全球已探明的天然钻石储量和所有已被人们购买使用的钻石，这个数字将会是一个天文数字。其实世界根本不缺少天然钻石，缺少的是相信天然钻石稀少珍贵的人。当然人类在使用钻石的过程中会消耗一定的钻石，但地球作为世界最大的天然钻石生产机器，几乎每时每刻都在地下生产着钻石。生产经营天然钻石是一个资金密集型的领域，同时资本的回收期也相当长，因此天然钻石经营者为了自身的利益正在不断地打压着合成钻石。对于天然钻石来说，最理想的是把合成钻石打压成饰品、工业品或是廉价的东西，令其不能真正地危害到得之不易的天然钻石市场。天然钻石的利益攸关者已经启动了强大的宣传机器，成立了相关的组织，并亲自成立了合成钻石生产厂和零售品牌，正全面开启了引导合成钻石走入饰品的死亡陷阱。当然天然钻石从合成钻石身上找弱点来强化自身优势无可厚非，但天然钻石本身的问题也不少，因此天然钻石在打压合成钻石时也应考虑到适当的尺度问题。否则天然钻石的"血钻"（指非正常途径获得的钻石原石，通常伴随着战争与暴力）问题，中国天然钻石的灰色进口，以及世界范围内的天然钻石证书提级，哪一件事实曝光出来都是杀伤力巨大的。全球范围的"血钻"问题们可以参考一些新闻报道或是电影《血钻》；中国天然钻石的灰色进口我们也可以参考一些新闻报道，或是计算一下历年中国海关的合法进口量和全国的实际消费量之差。最后对于世界范围内的天然钻石证书提级一事，大家可以抽样挑出一批钻石，然后到世界各主要钻石检测鉴定机构去反复鉴定，我想同样一颗钻石的不同机构鉴定分级结果一定会让人大吃一惊。无论 GIA、HRD、IGI、中国 NGTC 还是其他合法的钻石检测鉴定机构，理论上证书的检测结果都应是一致的，而事实上业者都知道，天然钻石在净度上提一级，在颜色上提两级都是很正常，这些并不是人为误差，而是实实在在的天然钻石检测鉴定机构潜规则。任何商业都不能不遵守商业规则，也没有必要通过揭短的方式打压竞争对手，我们只要不断强化自身的优点就好了，毕竟人无完人、金无足赤。合成钻石的发展实际上是一个科技不断进步的过程，现在天然钻石无论想怎么阻挡合成钻石的发展都挡不住了，只要合成钻石不掉进"饰品"的陷阱里，它就完全有可能以一个新类别珠宝的形象出现。作为天然钻石的经营者，应客观地面对合成钻石的崛起，至少要接受合成钻石已"长大成人"的现实。

二、站在新生珠宝立场的特别激进派

中国的珠宝力量分成两代珠宝人，其中第一代珠宝人，具体可以说是一批 20 世纪 50 年代和

采矿现场

20 世纪 60 年代出生的珠宝人，主要以 60 年代出生的珠宝人为主。他们是中国珠宝首饰行业的开拓者，也是现在珠宝行业最大的受益者，得益于历史机遇和自身的努力，他们成功地成为了各自领域的标杆人物和富豪。与之对应的是新生的珠宝力量，大致可以说是 20 世纪 70 年代和 20 世纪 80 年代出生的第二批珠宝人，其中以 80 年代出生的珠宝人为主，这些 80 后大多是第一代珠宝人的子女，是第一代珠宝企业的自然接班人。当然这其中也有一些真正的创一代，他们是看到第一代珠宝人的成功而投身到珠宝行业的佼佼者，或是曾追随第一代珠宝人征战的骨干力量。这些人可以说是中国珠宝首饰行业的新生力量，这其中有着相当数量的热血青年。对于新生珠宝力量来说，他们不满足于现有的珠宝江湖秩序，同时限于实力和胆量的原因一直蛰伏于行业之中，暂时不敢真正地挑战原有的行业格局。所以他们需要一个破局的武器，一个可以真正威胁到传统珠宝势力的武器，只要找到这个终极武器他们就一定会发动一场革命。其实第一代珠宝人打造的珠宝帝国，由于原有历史大环境的使然，很多企业或多或少都存在着一些不合法的地方，因此宝二代的接班意愿也不是很高。如果让第二代珠宝人继续在原有不规范的游戏规则中发展自己的事业，他们由于学识和对大环境已变的研判，是绝对不想重复

2019 年 4 月，加拿大卢卡拉钻石公司（Lucara Diamond）在博茨瓦纳发现了 1758 克拉的钻石原石 "Sewelo"

全球第二大原钻 "Lesedi La Rona"

原有的游戏规则的。如果他们选择了旧饰界，等待他们的并不是接班，而是接盘，接下第一代珠宝人所留下的所有对与错、好与坏，一个烫手的盘。其实第一代珠宝人并不容易，他们也不想如此，只是他们现在真的老了、累了，想休息一下或是享受一下得来不易的奋斗成果。新生珠宝力量有相当一批人较为激进，他们认为合成钻石是一个可改变行业规则的致命武器，或是一个颠覆行业的核武器。反正新生珠宝力量在上一轮的造富浪潮中，由于年轻并没有赚到什么钱，他们丝毫没有历史的包袱，因此他们真心希望行业变革，最好因合成钻石而让天然钻石行业变革。如果从博弈论上来说，合成钻石和天然钻石行业，在新生珠宝力量的眼中是零和博弈，是合成钻石利用巨大的成本优势把天然钻石拉下神坛的战争。现在网上出现了很多天然钻石的阴谋论，说什么天然钻石是一场营销骗局，并且无限地夸大合成钻石的优势。这些人都属于新生珠宝力量的激进派，他们年轻且充满活力，我们也不敢随便去批评这些激进派，只能用事实让他们明白，打击天然钻石对未来合成钻石的成长是绝对错误的，因为如果天然钻石走下神坛，合成钻石的发展也会因此而受挫。可以说天然钻石既是合成钻石的竞争对手，同时也是合成钻石价值的对标对象，没有天然钻石的高价，也不会有合成钻石的暴利，它们

戴比尔斯合成钻石品牌 Lightbox 广告图

生来就是一对休戚相关的共生体。

三、站在旁观者立场的理性观望派

谁是合成钻石的理性派？我想只有不做天然钻石或合成钻石的业者，以及广大的理性钻石消费者才可能是理性派。曾经有一个不直接做钻石业务的业者问我，合成钻石不是锆石吗？这个东西会成功吗？当时我气得想吐血，但我还是耐心地用我有限的知识详细介绍什么是合成钻石、怎么生产合成钻石，以及锆石和莫桑石都不是合成钻石等问题。最后他的一句话让我有了深刻的思考，那句话就是："合成钻石和天然钻石不就是一个样，对消费者来说又有什么区别，自家种的水果和山上野生的水果不都一样吃吗？"其实从旁观者来说，他们真的对合成钻石没有什么好恶之分，反正也不关他们什么事，但这对消费者来说就不一样了。消费者的认知是受商家广告所引导的，商家最怕的就是消费者冷静下来认真思考。如果一个物理属性、化学属性和光学属性都一样的商品，一个由自然界生长和一个由人类养殖，且价格差异有十倍时，消费者会更喜欢哪个？如果按性价比来说，消费者一定会选择性价比更高的产品。不过现在事实却不是这样的，因为天然钻石的经营者用了大量的时间和金钱，给天然钻石加上了一个光环，那就是天然钻石可以见证爱情，是忠贞不渝的爱情的象征。说实话做出这种

Diamond Foundry 与 Jony Ive（苹果前首席设计师）合作设计的全钻戒指

策划的人实在是太高明了，虽然我们都知道就连双方的父母和亲友都见证不了忠贞不渝的爱情，更别说钻石了，钻石充其量不过就是一个可怜的道具。要说能见证爱情我情愿相信上帝和佛祖，而不相信天然钻石可以见证，这件爱情的信物是否有效无从证实，但卖这个爱情信物的人却赚得盆满钵满。与其说这是天然钻石的成功，不如说这是天然钻石营销的成功。客观地以消费者的角度去想，如果合成钻石可以复制天然钻石营销的成功，那么消费者一定会无条件地选择合成钻石。旁观的业者如果看到合成钻石可以赚到钱，消费者如果被合成钻石的营销所吸引，那么他们都会支持合成钻石。这个世界没有绝对的理性派，每个人都或多或少存在着一些偏见，我们综合分析一下，理性地看待合成钻石，我个人认为合成钻石就是一个新生的珠宝品类，基于合成钻石的成本优势和未来的综合竞争优势，合成钻石是行业未来最大的商机。不过由于天然钻石的历史优势，合成钻石与天然钻石的竞争还将是一个漫长的过程，未来的三至五年是一个关键时期，此后的十年将是一个真正的决战时刻。合成钻石到底是天然钻石的朋友、兄弟，抑或是敌人，现在说都为时过早，唯有时间可以最终决定所有的一切。

事实上，打压派的打压并不能真正地打击合

合成钻石的不同形状
图片来源 Diamond Foundry

成钻石的发展，激进派的激进也无法推进合成钻石有多么辉煌的未来。面对一个深不可测的亿万级新兴市场，我们唯有理性地去看待合成钻石的发展，才有机会发现合成钻石产业价值链的优势资源，才有机会窥见以戴比尔斯为首的，拥有丰富的全球运营优势和雄厚资金的跨国垄断巨头下的一盘大棋。

天然钻石和合成钻石的对比

表 2-1 市场上各方法生长合成钻石对比及未来展望

生长方式	HPHT	HPHT	HPHT	CVD
主要产地	中国	中国	中国 / 俄罗斯	各国
大小	小钻	中钻	大钻、超大钻	大钻、超大钻
重量范围	0.29 克拉以下	0.3 ~ 0.99 克拉	1 克拉以上	1 克拉以上
钻石颜色	DEF	DEF	DEF/GHIJ	FGHI
钻石净度	VS/SI	VS/SI	VVS/VS/SI	VVS/VS/SI
与天然钻石成本对比	低	低	低	很低
占天然钻石售价百分比（现时）	20% ~ 25%	15% ~ 20%	12% ~ 18%	12% ~ 20%
占天然钻石售价百分比（未来）	15% ~ 20%	10% ~ 15%	8% ~ 12%	6% ~ 10%
未来市场展望	好	好	好	很好

第二节 合成钻石的主流消费群

很多朋友问我合成钻石到底谁在买？我们要把合作钻石卖给谁？我曾多次和大家说了珠宝A货市场的规模与逻辑，同时也解释了莫桑石和锆石的消费市场，更把中国一些定制钻石的消费者分析个遍，但越解释越发现业界对合成钻石消费市场的不了解和认知偏差。其实我们不要小看中国消费者对合成钻石的接受能力，虽然被反复洗脑的业者自然很难接受一切天然钻石以外的东西，但中国的珠宝消费者早已发生了巨变，他们的消费认知和对新事物的接受能力我们远远想象不到。

一、学生军将成为首批钻石受益者

不可否认，虽然合成钻石已存世很多年，但真正的商业推广还只能算从 2018 年开始，因为对于所有的消费者来说，合成钻石还真的是一个新兴事物。任何新事物都有一个认识的过程，对合成钻石来说更是一出生就面临着诸多不公，尤其是其出身被故意贬低成假货。合成钻石的推广到底以何处作为突破口？我想非学生莫属，尤其是早熟的大学生群体们，他们绝对是最佳的新兴消费者。现在已拥有天然钻石的人，出于保护所谓自己利益的本能，他们也很难跳出来支持合成钻石，哪怕他们已是天然钻石消费过程中的受害者。天然钻石的销售大部分是由男性买单，女性配戴，再被包装成爱情的信物，所以一直以来的高暴利由于购买者和使用者的错位，即使被发现也最终成为了美丽的错误。已经购买了或拥有了天然钻石的消费者，由于害怕合成钻石的出现，让其已受骗的窘境更加难堪，害怕仅有的一点升值幻想被打破，他们绝不可能认同合成钻石。天然钻石既绑架了可怜的消费者，同时也绑架了天然钻石的商家，因此也不要指望商家客观地说明合成钻石与天然钻石都是真钻的事实。有文化的大学生们一定是最容易接受新事物的，尤其是在互联网高度发达的今天，大学生以及其他喜爱新事物的学生们都会支持合成钻石。合成钻石的高性价比绝对是这一切的王牌武器，试想一个大学生在购买饰品方面能支出多少钱？一个 30 分以下的天然钻石钻饰都要上万元，而合成钻石的 30 分裸石成本不到 600 元，试想 2000 ～ 3000 元即可拥有一

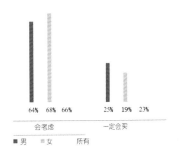

消费者对合成钻石订婚戒指的兴趣
数据来源：MVI 市场营销消费者研究报告
（2018 年秋季）

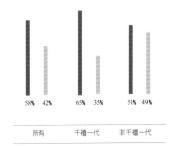

珠宝消费者对合成钻石的认识程度
数据来源：MVI 市场营销消费者研究报告
（2018 年秋季）

个真的钻饰，谁还愿意花费数倍的钱去买什么天然的。天然钻石在29分以下都是小钻，在这个世界上，天然小钻基本就等同于垃圾钻，不能做首饰的话就只能成为工业钻。由于小分数钻石本身基本不具备什么回收价值，即使回收也要面临着惊人的贬值，因此学生在钱不多的情况下情愿去购买显得更大的合成钻石。不仅如此，合成钻石还属于环保产品，因此作为越来越注重社会责任感的大学生们，一定在道德和情感上更容易接受合成钻石。学生时代"谈恋爱"其实是一项巨大的消费，假设中国所有的大学生们都来消费合成钻石，那么大学生们的入门钻将直接从30分钻石起步，或者可以说是直接步入了中钻时代，再也没有必要消费早已过剩的天然垃圾钻了。不知道未来的婚姻观和爱情观会如何变化，但我想大部分的"渣男"们会把合成钻石作为"送礼佳品"，毕竟合成钻石的价格优势实在是太过明显，而合成钻石本身又是真钻石，谁又能说些"泡妞神器"什么坏话呢？

二、高端消费者迅速成为消费主力军

天然钻石自20世纪90年代进入中国以来，已有了二十多年的历史，可以说培育了相当数量的高端消费者。高端消费者不同于普通的天然钻石消费者，他们早已拥有了数件珠宝饰品，因此

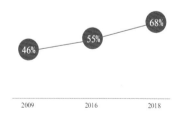

希望选择合成钻石订婚戒指的消费者比例
数据来源：MVI市场营销消费者研究报告
（2018年秋季）

他们追求钻石的属性是更大、更闪或是更与众不同，同时也缘于消费更趋于理性，所以也就不太在意新的钻石是否保值，更看重的是钻石能否给他们带来更多的关注。说实话，即便就是一个假钻石戴到他们的身上，也没有人会怀疑其真假。占天然钻石百分之一的天然彩色钻石价格一直十分高昂，而且因数量稀少就是有钱也不会轻易买到，而合成彩钻的价格只是天然彩钻的三十分之一到二十分之一，因此有些具有超高性价比的合成彩钻在高端的消费者眼中是有吸引力的。不仅如此，由于天然钻石的大钻过于昂贵，尤其是2克拉以上的白钻，天然钻石大钻的流通成本远超合成钻石的零售价，试问那些精明的高端消费者怎么会拒绝合成钻石呢？中国有一大批的高端男性富人，经常会送珠宝给异性朋友，如果都是用天然钻石自然成本不菲，但若是改成合成钻石就节省了大量的成本。通过以上分析我们可以预测，无论是高端的男性消费者还是女性消费者，在面对着送礼讨欢心或炫耀性消费时，合成钻石相比天然钻石来说都是更具性价比的选择，毕竟他们根本就不会在意所谓的保值不保值！

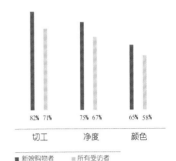

消费者对合成钻石的要求

数据来源：MVI市场营销消费者研究报告
（2018年秋季）

三、理性婚庆人群购钻的新选择

由于我在天然钻石行业从业很多年，尤其是看了戴比尔斯的各种报告，感觉被洗脑了一样认

1.4克拉天然钻石　　1.9克拉合成钻石

天然钻石与合成钻石的对比

图片来源：MVI市场营销消费者研究报告

(2018年秋季)

Diamond Foundry 6克拉婚戒广告图

为合成钻石不适合结婚人群。不过美国的合成钻石市场数据却告诉了我一个另外的事实，那就是大量的美国结婚人群购买了合成钻石，根本想象不到超过1克拉的合成大钻主要是卖给结婚人群的事实。老实说美国的钻石消费真的很理性，尤其是年轻人对合成钻石的接受度如此之高，说明美国消费者的钻石消费十分成熟。其实稍微有点头脑的人都会明白，天然钻石不过是一个披着爱情外衣的道具，买大钻唯一能证明的是，男人愿不愿为你花更多的钱。其实同样的钱可以买到更好的合成钻石，为什么不买更大更闪的钻石呢？记得有句广告语非常好："缘份天定，爱在培育。"说的是缘份其实是由上天定的，爱情其实是需要不断培育的，这其中也一语双关地推出了培育钻石，也就是合成钻石。中国的流行趋势一直追随国外，民族自信心正随着国家地位的提升而不断加强，在美国业已成为世界最大的合成钻石消费市场的当下，中国自然很快也将开始全面地接受合成钻石。中国新一代的结婚人群比他们的长辈更加理性，同时钻石作为示爱的一个道具，高性价比的合成钻石不仅可以给越来越昂贵的婚姻减负，更可以筛选出新娘到底是不是拜金女。如果说钻石可以见证爱情，其实合成钻石更具优势，一对新人完全可以用自己的头发来合成钻石，这些曾是自己身体一部分的碳元素共同组成的钻石，比起只是从地下喷出来的一个简单矿物更具纪念意义。中国每年有近千万对的结婚人群，如果都能买合成钻石，这不仅会给我国节省大量的宝贵外汇，同时还可以大量地减少国人的财富的海外流失。让天下不再有昂贵的爱情，是我创立"钻石玫瑰"合成钻石珠宝品牌的初衷。中国的结婚人群完全可以买中国自己的合成钻石，更具性价比，更节省外汇，更环保，也更有纪念意义。

四、时尚玩家爱不释手的新宠

彩钻一直都很少遇到真正的消费者，不是买不到，而是太贵了。凭心而论彩色钻石自然界还真是稀缺，不过合成的彩钻却可应有尽有地任性供应。只花天然彩钻三十分之一到二十分之一的钱，绝大多数自然界常见的彩钻都可以任性地合成出来。合成的彩钻真的是高科技的结晶，随着科技的不断进步，未来的彩色合成钻石基本可以合成出全部颜色的天然彩钻，届时时尚玩家们手里自然会多出一大批的合成彩钻。我个人判断合成彩钻未来或将影响到天然宝石的销售，无论是颜色的丰富度还是宝石的坚固性，合成彩钻对比非收藏级彩宝来说都有着相当大的优势，因此，色彩丰富的合成彩钻不仅会抢光天然彩钻市场，还会去抢夺天然彩宝市场，尤其是不十分稀有的

合成钻石彩钻
图片来源 正元韩尚

合成钻石彩钻
图片来源 正元韩尚

小彩宝市场。时尚人士关心的只是漂亮，他们基本不会考虑宝石的保值与否，只要是高端大气上档次，合成彩钻定将成为他们爱不释手的宠儿。对于其他中小分数的合成钻石，由于成本的优势，时尚玩家们可以尽兴地用群镶和更大的小分数钻来尽显奢华，因此合成钻石在时尚领域将更有影响力。时尚不分天然与合成，未来合成的彩色钻石、大克拉的合成白钻和群镶的中小分数合成白钻，都将成为时尚人群的新宠儿。一旦这个趋势形成，整个合成钻石的消费量必将全面上升，最终有可能全面抢夺所有其他宝石市场。即使合成钻石不能很好地抢夺其他宝石市场，仅在天然钻石领域中，合成钻石在时尚方面的优势依然是十分明显的，毕竟大多数的设计师都愿意使用更丰富和更具性价比的合成钻石，因为只有这样他们的作品才能更多地被生产出来且流传于世。

第三节 合成钻石的世界发展格局

要想了解合成钻石的世界格局，我们就必须要先了解一下天然钻石世界的现状格局，否则我们就很难理解合成钻石的世界。一个行业在世界的位置与这个国家在世界的位置相关，同时也和这个行业独特的发展历程相关。而想要了解天然钻石行业的发展，我们还需再回顾一下天然钻石的诞生。天然钻石是在地球内部，由一定比例的铁族金属和石墨或碳块经高温高压而形成。之后随着火山爆发，钻石被带到地表，因此只有古老的地层才有钻石生成。地球四十亿年的历史中，最后一次带有钻石的火山爆发在四千万年前。随着人类科技的不断进步，可以说除南极洲尚未探测外，全球陆地上的钻石矿几乎都被找到。现在天然钻石矿主都怕受到合成钻石的影响，担心未来中、低质量的中、小颗粒天然钻石会大跌价。

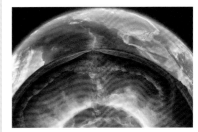

火山喷发将钻石带到地表

每家天然钻矿公司都在疯狂开采，前几年每年的开采量约 1 亿克拉，2017 年则高达 1.42 亿克拉，估计未来十年左右天然钻矿就枯竭了，到时天然钻石行业都不知何去何从。不仅如此，天然钻石的开采还会破坏地球环境、耗费大量资源以及产生"血钻"的道德问题。反观合成钻石的生产绝对是绿色作业，不会破坏生态，使用的能源有限，不存在"血钻"的问题，同时价格也相对低廉，合成钻石未来的售价或许只有天然钻石的几分之一到十几分之一。在了解天然钻石的大体现状后，我们再说说对天然钻石影响较大的几个国家。说到天然钻石，我们必然会想起美国、印度、以色列、比利时、俄罗斯、澳大利亚、南非和中国等，其中更以美国、俄罗斯、印度、中国为重要。美国是世界上最大的钻石消费国，俄罗斯是世界上最大的钻石生产国，印度是世界上最大的钻石加工国，而中国则是世界第二大的钻石消费市场。在合成钻石领域，其实这四个国家仍然是世界上最重要的参与国，只是未来的地位排序或许有一些调整，但这些国家对合成钻石的贡献和行业的推动功不可没。

一、合成钻石绝对的王中王：美国

说到合成钻石，我们不得不提几个国家。以中国、美国、印度三国为核心来分析一下全球的合成钻石产业。中国是目前世界上最大的合成钻石生产国，供应着全球 56% 的宝石级合成钻石，美国是全球最大的合成钻石消费国，消费着全球 80% ～ 90% 的合成钻石，而印度是全球最大的合成钻石裸石加工国，全球绝大多数的合成钻石裸石都是由印度加工出来的。就全球范围来说，美国绝对是合成钻石最大的消费国，约占全球合成钻石总消费量的 80% ～ 90%，并且还有进一步增长的趋势。美国不仅仅是世界上最大的合成钻石消费国，其实美国还是全世界合成钻石生产研发实力最强的国家，可以说在合成钻石领域美国是世界的技术源头。自 1955 年美国通用电气公司采用 HPHT 法人工合成了世界上第一颗人造金刚石，人工合成金刚石已有 65 年的历史了。在这 65 年中有大量的美国企业推动着合成钻石的技术进步，在合成钻石领域领先的公司在美国主要有：美国阿波罗公司（Apollo diamond，现更名为 SCIO diamond）、英国元素六公司（Element Six）和美国卡内基研究所（Carnegie Institution of Washington DC）等。其中英国元素六公司是世界领先的超硬材料生产商和供应商，目前生产和研究中使用的高质量单晶金刚石大部分来自于英国元素六（Element Six）。由于元素六公司为跨国公司，同时大股东为戴比尔斯和优美科集团，理

俄罗斯 NDT 公司官网

应算为英国企业，但由于元素六在美国也有分公司，且整体上英国合成钻石产业较小，故此处把元素六公司划分到美国来介绍。不仅如此，美国还拥有 Diamond Foundry 公司，目前是全球最大的合成钻石生产商，他还构建了珠宝设计师线上平台，设计师可以在平台上订购、设计、切割并销售培育钻石，以及一大批著名合作钻石销售企业，比如沃伦·巴菲特拥有的 Helzberg 钻石零售店、彭尼百货（J.C.Penny）和梅西百货（Macy's）等。

二、合成钻石最大的参与者：印度

说印度是世界上对钻石经营投入最多人力的国家一点也不为过，在整个印度有上百万人从事钻石行业，世界上绝大多数的钻石裸石都是由印度人加工的。在印度我曾参观过拥有 5 万名员工的钻石企业，在天然钻石加工领域印度绝对是世界的王者，同时印度人对合成钻石的加工和贸易能力也不是一般的强。其实在 CVD 钻石生产领域非常有名的新加坡 IIa 公司，其老板也是印度人，并且中国生产出来的大多数合成钻石最终都卖给了印度人，然后由印度珠宝商加工后再卖给全世界。由于印度天然钻石经营者们十分强大，在印度生产和经营合成钻石的投资商们都十分低调，据说在印度西部古吉拉特邦港口的城市 Surat（苏拉特）及其附近地区就隐藏着数家 CVD 钻石生产厂，

印度磨石

估计现在印度的 CVD 钻石生产机器有 1200 多台。未来随着中国合成钻石市场的启动，以及美国合成钻石市场的不断扩大，相信印度这个对钻石有特殊感情的国度，一定会全面加大在合成钻石领域的投入，届时印度定将成为世界排名前三的合成钻石生产国。

CVD 合成钻石毛坯
图片来源 辽宁新瑞碳材料科技有限公司

其实从全球来看，真正可以大规模量产合成钻石的国家并不多，估计也就是中国、美国和印度，因为只有这三个国家具有大规模生产合成钻石的基础。印度占据着全世界最大钻石加工国的地位，估计从业总人数达到百万，印度珠宝商目前手里的天然钻石存货较多，估计随着时间的延续，印度珠宝商中将有一大批人加入到合成钻石大军中，毕竟这上百万的产业工人不可能坐以待毙。不过随着更多的自动化钻石切割设备不断问世，比如瑞士 SYNOVA 公司的达芬奇水激光设备，印度的人工磨石迟早将受到巨大的影响。中国由于人工成本的问题，在天然钻石加工领域一直不温不火，但中国人有可能在自动化钻石加工方面，尤其是大钻的加工方面后来居上，占据世界一席之地。说实话，中国人生产完合成钻石毛坯后，拿到印度进行加工，再到国内镶嵌也着实麻烦，并且还要面临着再进口的关税问题。如果中国能全方位地打造出成熟的合成钻石产业链，印度的钻石加工业定将会受到影响。为了应对中国合成钻石产业可能的竞争，印度现在正全面加大合成钻石的生产投资，尤其是基于 CVD 技术的合成钻石生产，这或许是整个印度钻石业继续辉煌的未来。

三、合成钻石的重要力量：俄罗斯、日本和新加坡

说到合成钻石，我们还不得不提一下俄罗斯、日本和新加坡这三个国家，其中俄罗斯是世界上最早研究合成钻石的国家之一，当然最初是为了军事目的，现在俄罗斯还有技术最先进的 HPHT 高温高压法合成钻石生产企业。俄罗斯 NDT 公司位于俄罗斯圣彼得堡，曾成功合成出 10.02 克拉的"世界上最大的无色钻石"和 5.03 克拉的蓝钻。俄罗斯 NDT 公司生产的高品质合成大钻和彩钻在世界都十分有名。据说中国的 HPHT 合成钻石生产技术最初都是引进自苏联，不过由于俄罗斯经济的落后和消费市场的狭小，未来在合成钻石大国竞争中优势不多，可能最终成为合成钻石的二流国家。

日本也是研究合成钻石较早的国家之一，日本住友化工（Sumitomo）和日本产业技术综合研究所（Advanced Industrial Science and Technology，AIST）都是非常有名的合成钻石研究企业和机构。不仅如此，现在全世界范围内较先进的 CVD 法合成钻石生产机器 SDS6K 也是由日本企业生

产，估计在未来相当长的一段时间内，日本的 CVD 钻石生产设备和技术仍将领先全世界。由于日本的钻石消费力很大，估计合成钻石的消费未来日本也将领先很多国家。

最后我们也提一下新加坡的合成钻石，主要就是 IIa 公司。这家公司的 CVD 钻石产能非常大，虽然其合成钻石产品的品质不是顶级的，但其在产能方面远远领先世界其他国家。新加坡 IIa 公司的背后老板是一家印度的珠宝商，据说有 300 多台的 CVD 钻石生产设备，目前正在进行全方位的升级，估计未来的产能还会不断的提升。随着全球合成钻石产业的不断发展，或许有一天俄罗斯、日本和新加坡的企业在合成钻石领域的影响力越来越小，但这些国家对合成钻石的发展贡献都是十分巨大的，真心希望这些国家的合成钻石企业会越来越好，为推动世界合成钻石产业的发展继续贡献自己的力量。

四、合成钻石的终极玩家：中国

由于我做了很多年的天然钻石方面工作，突然有一天听说中国的合成钻石产量自 2002 年起一直是世界第一时，对于这个结果我真的不敢相信，同时也突然间眼前一亮，为什么我们中国人不能在钻石领域进行弯道超车呢？我们中国合成钻石的产能世界第一，产量更占到了全世界合成钻石

郑州三磨所官网

总产量的 90% 以上，宝石级合成钻石产量也达到了 56%，我真的不敢相信这个结果。说实话对于合成钻石这件事，我们还真的要感谢河南人，由于在河南有一个三磨所（郑州磨料磨具磨削研究所有限公司）的原因，我们拥有了中南钻石、豫金刚石、黄河旋风等世界著名的合成钻石生产企业，同时周边地区还产生了一批较小型的合成钻石生产企业，这些合成钻石生产企业组成了世界最强大的中国合成钻石生产军团。

一直以来中国的合成钻石生产企业主要都是用 HPHT 法生产合成钻石，其中以中南钻石的技术最好，这家有军工背景的合成钻石生产企业的产品可以说是中国最好的，在世界范围内也仅次于俄罗斯 NDT 公司的产品。中国独树一帜的六面顶压机的产能非常高，但生产宝石级合成钻石的品质真的没有俄罗斯 NDT 公司的水平高，我亲眼看到过这两家企业的宝石级合成钻石产品，真的还是有一定的差距，不过随着中国企业不断的技术攻关和资本投入，或许我们很快会达到俄罗斯的技术水平，甚至有一天可以超过俄罗斯 NDT 公司的技术水平。目前中国的合成钻石宝石级的产品产量全球第一，如果我们进一步增加 HPHT 法宝石级钻石的产能和品质，我们在全球的合成钻石占比或将进一步扩大。对于中国用 HPHT 法生产的一

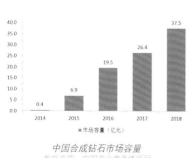

中国合成钻石市场容量
数据来源：中国产业竞争情报网

克拉以下的合成钻石，不光品质好，而且最重要的是成本低，完全可以碾压所有同级别天然钻石。

中国在 CVD 钻石生产方面的整体水平还是不高的，当然杭州超然金刚石有限公司和个别同类企业除外，中国只有他们公司能生产出不用改色的顶级品质白钻。其他绝大部分的中国 CVD 钻石生产企业生产出来的合成钻石都需要改色，没有改色的 CVD 钻石颜色是相当不好的，严重地影响销售。中国目前的中小型 CVD 生产企业非常多，成规模的只有宁波晶钻、上海征世和湖州中芯等，大量的还是只有几台机器且处于试产阶段的初创型企业，预计未来几年中国将出现大量成规模的 CVD 钻石生产企业，当然这缘于所有投资者都看到了中国未来钻石市场的发展。届时中国将继续拥有世界最强大的合成钻石产能，同时中国还将拥有相当数量的大钻磨石厂，以及世界上最大规模的钻石镶嵌企业集群，我们完全有理由相信中国有能力打造出世界级的合成钻石产业链。不仅如此，由于中国拥有世界第二大的天然钻石消费市场，以及世界第一的天然钻石销售终端，我们中国最终成为世界第一合成钻石大国和强国也只是时间问题。

CVD 合成钻石毛坯
图片来源 正元韩尚

CVD 合成钻石毛坯
图片来源 正元韩尚

第四节 合成钻石如何在珠宝终端中破局

一件商品好不好看能不能销售出去，合成钻石到底好不好要看在中国的珠宝终端能不能销售出去，否则我们再认可合成钻石，而消费者不买单也是徒劳无功。一个好的商品能不能顺利地走向市场，并不总是由商品本身决定，更多的是缘于经营者的策略与能力。没有行之有效的方法，合成钻石很难在天然钻石江山稳固的状态下破局，因为这好比蚂蚁和大象在战斗。当然合成钻石也不是一无是处，合成钻石身上有着诸多天然钻石不具备的优点，但如果把这些优点化为优势，再成功地在天然钻石已打下的江山中分一杯羹，谁就会成为合成钻石领域的"高手高手高高手"，谁就会是一个改写中国珠宝历史的人。

一、凭高科技的产物身份为合成钻石正名

合成钻石虽好，但现在在中国传统珠宝市场

异形切工钻戒

中仍处于培育阶段，缘于天然钻石的巨大既得利益，合成钻石进入传统珠宝销售终端市场还有一定阻力，那么如何在珠宝终端零售中破局，考验着合成钻石经营者们的智慧。一听到合成钻石，我们下意识都会认为这是一种投机取巧而来的东西，感觉好像不需要什么高科技似的。其实就合成出钻石这件事，经历了很多顶级的科学家数十年的辛苦，是他们不断的努力才真正地把钻石合成出来并使成本不断下降，从而达到了可以大规模商用级别的生产。无论是HPHT法还是CVD法生产钻石，任何方法都需要大量的高新科技投入，且经历过无数次的失败。或许最初的钻石合成者是眼红于天然钻石的价格高昂带来的商业利益，但人们逐渐地在钻石身上找到了更多有益于工业、军事、通讯、航天和医疗等领域发展的应用后，我们可以说合成钻石关系着整个人类的科技进步，或许我们人类社会终有一天会因钻石而获得巨大的技术进步。虽然本书更多是从合成钻石的珠宝性质来诠释，但合成钻石作为一种特殊的超硬材料，装饰功能真的只是其中很小的一部分。刚接触合成钻石时，我还误以为只需要普通的技术职员就可以操作相关生产设备，但真的了解了合成钻石才看到另外一个事实，大量的科研工作者才是目前合成钻石生产的主力军。最初搞不懂为什么合成钻石在国外叫实验室培育钻石，但看到目前国

目前这两种技术都已取得了长足发展。运用CVD基本上生产两三克拉的钻石已经没有什么问题，HPHT的经济前景更大，已经可以做出七八十甚至一百克拉的培育钻石原石。

——中国地质大学珠宝学院 沈锡田教授

CVD 合成钻石反应炉

内外的合成钻石生产现状，尤其是 CVD 钻石生产，我才真正地明白，目前大部分合成钻石企业还真的处于实验室生产阶段，还未达到真正的大规模工业化生产阶段。其实即使达到了大规模工业化生产合成钻石阶段，我们也不得不承认合成钻石的生产还是有着相当大的科技含量。合成钻石绝不是可以随意生产的廉价货，我们完全可以用其高科技的特别属性来为其正名，合成钻石真的是人类高科技不断发展取得的成果。合成钻石就是钻石，并且各种属性都不输于天然钻石，这完全不同于天然食品和人造食品的概念。天然钻石和合成钻石对比，更像自然界冰山上的冰和冰箱里的冰，其实冰箱里的冰由于更好的生成环境，在纯净程度上自然会远远好过天然状态下形成的冰。用高科技产物来给合成钻石正名，将更有利于提高合成钻石在人们心目中的价值，同时也更利于人们来以珠宝的名义购买和佩戴合成钻石。

二、以高性价比革命者的姿态出现

做零售的人都明白，高性价比是永恒的商业竞争王牌，不管多好的产品都不可能一直贵下去。尤其在竞争对手不断出现后，只有高性价的产品和服务才能最终立于不败之地。一直以来，天然钻石由于十分成功的商业推广，让人们认为天然钻石是稀缺的、保值的、昂贵的、不可替代的爱情信物。其实这些所谓的概念都是营销出来的，都是业界不愿意和不敢去揭露的事实。天然钻石在自然界真的不是稀缺的，如果勉强算稀缺的话也只是指克拉级别的天然大钻，一克拉以下的天然钻石裸石真的不稀缺，人类已大规模开采和销售了上百年，请问还有多少人没有见过或拥有钻石。目前的成年女性中，如果100个人中只有一个人拥有钻石，我们可以称之为稀缺，如果大部分人都拥有了钻石，我们真的不能还继续昧着良心说钻石稀缺。钻石保值的概念就更忽悠人了，如果说钻石稀缺还可以用大钻真的稀缺来断章取义，说钻石保值也只能是说极品的大钻和彩钻因稀有而保值，绝大多数的天然钻石由于极高的流通成本而不可能保值。作为业内人，我们都知道在零售环节天然钻石一般要加价1.2～3.5倍售出，并且天然钻石的二级回收市场现在基本等于无。请问天然钻石如何保值？就算天然钻石每年都涨价，最终涨到可以抵消所有流通费用，天然钻石也不能说保值，因为在回收环节还要因为是旧钻而再次被砍上一刀。在天然钻石刚进入中国时，我们还会因为通货膨胀而看到钻石不断的价格上涨，现在的天然钻石无论是以美元计价，还是以人民币计价，都看不到可以持续上涨的趋势。可以说只有极少数的天然钻石价格是上涨的，绝

大克拉合成钻石
图片来源 Diamond Foundry

中国钻石革命

我们的工具可以在两周内培育出一颗钻石……但我们钻石中的原子跟宇宙一样古老。

——*Diamond Foundry CEO* 马丁·罗斯柴生（*Martin Roscheisen*）

钻石首饰加工

大多的天然钻石正因为合成钻石的推出而面临着价格下跌的风险。说天然钻石之所以昂贵是因为钻石是爱情的信物，说实话这是赤裸裸的情感绑架。其实天然钻石价格的昂贵只是缘于成功的营销，而不是天然钻石本身，如果天然钻石不与爱情挂钩早就跌成白菜价了。其实人间真正昂贵的是爱情，而不是天然钻石，钻石只不过是其中的示爱道具。说起来也可笑，中国人最早见证爱情的信物是金银，只不过是在 20 世纪 90 年代，随着天然钻石进入中国，少数国人的崇洋媚外以及大量以此取利商家们的推动，中国消费者抛弃了金银选择了这种外国人的石头。或许有一天中国人随着文化的自信，又会重新开始把金银作为爱情的象征，届时钻石在中国也许会不值一提。当然这种局面的形成需要相当长的一段时间，或许这种局面永远也不会再度出现，总之钻石见证爱情这件事，只是一次营销的传奇。钻石和爱情真的没有多少关系，理性地看待和消费钻石才是对爱情最好的尊重。基于上述理由，合成钻石可以让钻石消费回归理性，钻石消费必需强调高性价比，没有比较的钻石高消费时代真的结束了。如果合成钻石天天不断地强调高性价比，并且这个理念一旦深入人心，我想人们接受合成钻石的时代即将全面到来，届时合成钻石一定会成为钻石界的统治者。

三、用新零售和新媒体的方式开疆拓土

一直以来，天然钻石的销售主要依靠传统渠道，一方面是因为天然钻石的传统渠道力量强大，另一方面也是因为钻石相对于其他商品存在客单价较高，同时又很难标准化的问题。大量的试戴和对比，以及高价和情感体验，让天然钻石挺住了互联网大潮的冲击，但合成钻石却不会有这么多问题。合成钻石可以说是非常适合新零售的，尤其是线上销售合成钻石，如直播和网红带货的销售模式。线上销售重点是零售价一定要低，同时产品要新颖，而合成钻石的零售价基本是天然钻石的五分之一至三分之一，这就一下子把客单价拉下来了，同时合成钻石又有很多故事可以讲，因此可以说真的非常适合新零售。传统的钻石营销靠"硬广"推广很多年，合成钻石绝对不能再走这条路，也没有必要走这条路，完全可以把这笔钱省下来，用新媒体营销的方式走出一条更快、更高性价比的新营销之路。新媒体的主要受众是年轻人，这也与合成钻石的目标人群十分吻合，只要合成钻石的经营者能在新媒体上多下功夫，合成钻石一定会走出一条快捷的成功之路。新零售是整个中国珠宝首饰行业的未来，合成钻石绝对是中国珠宝首饰行业一个新的利润增长点，新

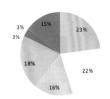

消费者购买钻石考虑因素
数据来源 中国产业竞争情报网

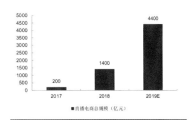

直播电商行业总规模
*数据来源 淘宝直播、产业调研、
光大证券研究所估计*

开采钻石对环境造成巨大影响

媒体更是未来主要品牌建设企业的传播首选。因此合成钻石如果能更好更快地利用新零售和新媒体，我们有理由相信合成钻石会在很短时间内成为一个行业新的热点。

四、借环保和大钻的先天优势重构终端

如何宣传合成钻石是一件很难的事，我们总不能天天讲高性价比或是低价吧！毕竟这些宣传多少有些不上档次和价格战的嫌疑。在美国合成钻石经营者不断地强调合成钻石更环保，我个人认为这个方向非常符合消费者的心理认同。消费者购买合成钻石总不能让别人认为他们是因为合成钻石便宜才买吧！如果说合成钻石更环保，这不就使消费者有了一个完美的理由。以环保的理念宣传推广合成钻石，至少在道德高点上为合成钻石又赢得了一分。其实纵观整个合成钻石的生产，说实话真的非常环保，根本不会大规模破坏环境，只是会耗费一些电能。有天然钻石的经营者歪曲事实说，合成钻石用电造成了碳排放问题，这简直是无理取闹式地胡说八道，电能如果不能算是绿色能源，那真的不知道未来还有什么是环保的生产方式。用点电总比全球各地去挖矿，然后用各种破坏性手段获取原石更环保吧！当然有人说采矿后可以恢复生态，这其实只是亡羊补牢，对大自然的破坏很多时候是无法恢复的，不仅如

非法采钻对森林的破坏

此，传统的天然钻石行业并不会使人人富裕起来。试想一下，非洲那么多人穷其一生挖钻石，生活真的变好了吗？如果把那么多的劳动力解放出来，无需去破坏环境，让中国人去教他们种地或是从事工业生产，我想他们的生活一定会变得更好，尤其是现在钻石可以大规模商业生产后，更没有必要用这种不环保的方式继续向大自然索取钻石。环保理由绝对是一个极好的合成钻石宣传方式，也是天然钻石最大的软肋之一。

在推广合成钻石时我们不能不断地攻击天然钻石，这样容易造成整个钻石行业的价值崩塌，同时也会受到天然钻石既得利益者的疯狂反击。我们只要不断地强调合成钻石更环保就好了，尤其是用环保方式获取钻石对整个人类社会环保的进步意义，环保绝对是各行各业的潮流，合成钻石绝对是环保的钻石。天然钻石的另一个问题是大钻稀少且昂贵，其实天然钻石中的大钻，具体就是一克拉以上的大钻真的是非常稀少的，因此一克拉以上大钻的价格真的很难降下来。合成钻石一克拉至三克拉的钻石是非常有价格优势的，尤其是一克拉的白钻，无论是 HPHT 法还是 CVD 法都可以稳定地量产，因此在价格和供应方式都较天然钻石更具优势，这对消费者而言，大钻将不再是触不可及。另外，超过三克拉以上的合成钻

Diamond Foundry 广告图

92.15ct, D 色, FL
Type IIa 型心形切割钻石
成交价折合约 1498.04 万美元

石其实性价比也非常高。由于这么多年来超过两克拉的天然钻石销售出去的都很少，三克拉以上的就更少了。因为戴三克拉以上的钻石多少会让人感觉不真实，同时太大的钻石也不适合中国人娇小的手型，所以这也是合成钻石的一个突破点。不仅如此，由于天然的大克拉钻石过于昂贵，很少用于吊坠和耳饰，如果合成钻石开发出克拉级的吊坠和耳饰，再配上克拉戒，完全可以组成豪华版的克拉套系，这将全面地领先天然钻石，因此我可以断言大钻将是合成钻石的另一个重要突破点。

0083~0108

中国钻石革命

第三章 合成钻石与天然钻石的博弈

曾如日中天的天然钻石能否再铸辉煌   *084*

 合成钻石大潮来临后的天然钻石出路   *091*

 婚钻将是合成钻石的主战场   *097*

第一节 曾如日中天的天然钻石能否再铸辉煌

天然钻石行业经历了上百年的发展，可以说它不会轻易消亡，但能不能以较快的速度继续发展却很难保证。任何事物的发展都不可能是一帆风顺的，我在这里不是唱衰天然钻石，其实我真心实意地希望天然钻石行业能变得更好，这样我们作为从业者才会最终受益。一直以来我都非常喜爱钻石的高贵品质，我个人在钻石学习上花的精力和时间也是最多的，但恰恰如此我才担心天然钻石行业的发展。天然钻石是否会经历一次大的风浪、一次生死存亡的考验，钻石行业才会迎来再次兴盛的机遇。我个人认为现在阻碍天然钻石继续高速发展的原因主要有：全球经济增长的放缓造成天然钻石的实际购买力下降；全球不婚族的兴起，以爱情故事为营销的天然钻石增长乏

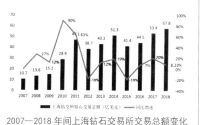

2007—2018 年间上海钻石交易所交易总额变化

力；世界钻矿因成本原因十年内不断关闭，严重威胁天然钻石价格稳定；合成钻石的兴起，分流天然钻石消费人群。这四条原因每条都严重地影响着天然钻石行业，只有解决这四大问题天然钻石才能再铸辉煌，遗憾的是这些问题很难有新的突破，天然钻石行业或许只有另辟蹊径才能继续保持"宝石之王"的称号。

一、全球天然钻石购买力正在下降

全球经济增长放缓造成天然钻石面临实际购买力下降的窘境。天然钻石行业的高速发展得益于二战后的经济高速发展，中国天然钻石行业的进步也同样是由于改革开放后的国民经济高速发展。目前全球的各主要经济体，无论是美国、欧洲、日本、韩国、加拿大，还是澳大利亚和新西兰，各发达国家的经济增长都十分乏力。不仅如此，中国、印度、巴西和其他新兴的发展中国家，经济虽然仍在不断增长，但想要达到影响和改变天然钻石销售的程度还是有一定压力的。全球经济增长放缓是我们所有珠宝人都不得不面对的客观问题，否则也不会出现逆全球化的贸易战问题。不仅如此，无论是中东或是其他地缘政治问题，都会严重地影响世界经济的发展。我们可以预见在未来几十年中，世界经济不大可能得到迅猛的发展，因此从全球范围来看天然钻石也不可能得到较大发展，天然钻石即将告别增量，进入到存量博弈的时代。

二、全球不婚族兴起带来消费影响

全球不婚族兴起将使自诩为爱情信物的天然钻石发展乏力。随着生活压力的不断增长，现在在城市中生活的年轻人正面临着极大的生活压力，同时由于年轻人家庭观念越来越淡薄，全球范围的不婚族发展势头越来越明显。曾几何时，我们认为不婚族是西方腐朽生活方式的代表，随着中国不婚族的逐渐兴起，我才知道这是社会经济发展到一定阶段的产物。国民经济的发展带来了个人经济的独立，夫妻双方因生存问题依附在一起的时代结束了，现在的婚恋自由让人性得到了彻底的解放，谁还愿意承受家庭的束缚呢？再说了结婚实际上加大了双方的经济负担，尤其是养育子女的成本正成为一个巨大的经济问题。说实话，现在的高房价、购车和其他享乐性消费让每个人的经济问题都越来越严峻，再加上个体寿命的增长，未来的婚姻关系将发生较大改变，或许不婚将成为大众主流的选择。如果人们连婚都不想结了，那么作为爱情信物、见证婚姻的天然钻石，其社会作用就会下降，或者说变得不再那么神圣。当然也有人说不婚族的盛行有可能会让钻戒的人均购买次数增多，我们大可以有这个美

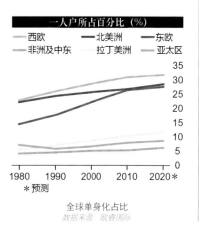

全球单身化占比

数据来源　欧睿国际

好的假设，但我想还有一种可能是大家会轻视对钻戒的选择。因为求婚和结婚这种仪式感很强的时刻才是戴钻戒的最佳时刻，没有了这些神圣时刻的加持，大家对高分数钻戒的需求一定会降低。天然钻石与爱情的结合是天然钻石发展历程中的关键节点，如果全球不婚族真的全面兴起，我想到时候天然钻石的发展一定会更显乏力。

三、全球天然钻石库存对价格的影响

世界钻矿由于成本的原因不断关闭严重影响着天然钻石的价格。有人说世界上最大的骗局就是钻石稀缺，我个人是不完全同意这种观点的，但这其实也说明了一个事实：世界上的钻石至少不像天然钻石经营者说得那么稀缺。现在世界上的主要天然钻石生产国有：俄罗斯、博茨瓦纳、刚果（金）、澳大利亚、加拿大、南非、安哥拉、纳米比亚、几内亚、加纳、津巴布韦、塞拉利昂、中非共和国、圭亚那、莱索托、坦桑尼亚、巴西、中国、利比里亚、印度尼西亚、多哥、委内瑞拉、科特迪瓦和印度。上文列举了20多个国家，其实就算只保留前五个国家的钻石矿藏我们人类几十年都用不完。天然钻石就是结晶碳，碳是世界上最不稀缺的元素，地底的高温高压也不是什么稀缺的环境。地球无时无刻不在源源不断地生产着天然钻石，只是受制于我们现在的探矿和生产成本，我们人类可开采的钻矿正在不断减少，假如这些都不再是问题时，世界的天然钻石真不知要积压到什么程度。受限于过去的生产力，曾几何时天然钻石或许真的显得相对稀缺，但现在随着科技的发展，无论是探矿能力还是生产技术都得到巨大的进步，因此天然钻石的发现和生产都不再是什么难事。当更多的钻矿被发现，当更多的钻石被生产出来，钻石行业再进行垄断也没有什么意义，可以预见在未来十年，天然钻石的价格必然会不断地下降，这将严重影响消费者的购买信心。另外，也由于高产钻矿在未来的十年间陆续关闭，这将进入存量钻石博弈的阶段，在没有增量也没人推动的情况下，天然钻石的前景着实难以预测。一直以来商家们都强调天然钻石的保值性和增值性，如果这两者都无法保证，那么天然钻石也不过是一种普通的商品，自然也就不会因稀缺而价格高昂。现在可开采的陆上天然钻石确实不多了，或许理论上天然钻石将稀缺，但合成钻石将彻底改变这一切，天然钻矿的关闭只是一个时代的终结。

四、天然钻石原有客群正不断变老流失

合成钻石的兴起将严重地分流天然钻石的原有客群。记得2019年9月份在香港珠宝展，由于没有找到合成钻石的展区，我向卖天然钻石的参展

2019 年香港珠宝首饰展

商打听合成钻石的展区，按理说都在同一个展馆里他们是不可能不知道合成钻石的展区所在位置的，但是我得到的回答都是夸张的"不知道"，尤其是那些天然钻石展商的变脸速度简直让我感觉自己是一个坏人似的。不知是出于恐惧还是厌恶心理，总之这些天然钻石展商对我这个合成钻石的爱好者实在是不太友善。合成钻石是不可阻挡的趋势，人类现在已经可以用很低的成本通过模拟天然钻石的生产环境大规模地生产钻石，这其实对天然钻石生产来说是极其可怕的现实，因为合成钻石的生产就像无数个不受控的钻矿一样，可以无限量地生产所谓的"稀有"钻石，HPHT法生长周期只有三四天，这对天然钻石来说无异于一个天大的讽刺。当然天然钻石可以大张旗鼓地说钻石还是天然的好，但这又不是有机食品，你能说天然的钻石好在哪里呢？就算天然钻石可以继续赢得结婚人群的欢心，宣扬天然的钻石才能见证爱情，那么非结婚人群呢？相信一定会有大量的消费者会选择合成钻石，因为合成钻石的成本优势实在太明显了，谁还会和钱过不去呢？随着人们越来越了解天然钻石和合成钻石的本质，我相信越来越多的钻石爱好者会选择合成钻石。作为平民钻石的合成钻石一旦成为普通的首饰消费品，天然钻石的神圣将不复存在，天然

合成钻石裸石

HPHT 合成钻石成品
图片来源 GIA

合成钻石成品
图片来源：正元韩尚

钻石只能成为钻石收藏家的私藏品。未来大部分消费天然钻石的时尚人群，或是一部分的婚庆人群都会被合成钻石吸引过来，届时天然钻石的市场消费人群必然会被残酷地分流。

综上所述，天然钻石短时间内是无法再铸辉煌的，我们不能把合成钻石列为非法或禁产，也不能让大量钻矿暂时停产，更不能人为地让全球的经济立即高速发展，或者强制要求人们都必须结婚。既然这些因素我们都不能改变，我们就必须学会接受天然钻石将面临着困难时期的事实，何况现在还只是困难时期，又不是天然钻石的至暗时刻。也许有一天，当合成钻石铺天盖地成为普通饰品，同时世界经济又进入了快车道，人们又再次追捧起天然钻石，届时将是天然钻石的再铸辉煌之日，那一日或许不远，或许很远，或许永不再现。

第二节 合成钻石大潮来临后的天然钻石出路

天然钻石发展了上百年，不可能一出现所谓的替代者就立即交出全部市场，未来天然钻石仍有相当多的发展之路可选择。诚然合成钻石的发展之势十分迅猛，但在越来越细分的市场面前，天然钻石仍将拥有相当数量的消费者。在未来的十年或二十年里，天然钻石仍将有可能继续成为钻石消费的一种选择。虽然天然钻石的大势犹在，但天然钻石将严格细分成多个领域，而不可能继续保持全面的垄断优势。合成钻石背后由于有科技支撑和大趋势的推动，随着时间的发展，未来的优势将不断显现，直到有一天获得碾压式的发展优势。不过天然钻石还是有一定的发展机会，比如通过产品溯源进一步强化"天然至上"的优势，然后获得一定的利润区间保护。比如通过高品质大钻增加顾客忠诚度和通过快速低价甩货抢夺低端市场，这些手段都将让天然钻石仍有一定的获利空间。天然钻石由于原有的先发优势，未来仍将有力量与合成钻石进行一场旷世大战，但最终的胜利者只可能是合成钻石，尤其是中国人的合成钻石。为了更好地推演天然钻石的防御手段和策略，我们可以对天然钻石的发展出路推演如下.

一、不断强化"天然至上"保持优势

通过产品溯源进一步强化"天然至上"优势。一直以来，由于天然钻石的走私行为泛滥，产品的溯源工作进展十分缓慢。不过未来随着合成钻石的步步紧逼，天然钻石必然会加快整体的产品溯源工作，尤其是天然大钻的产品溯源工作，因为这是可以继续讲天然钻石故事的唯一方法。其实现在都已是大数据时代了，很多领域都进行了大规模的产品溯源。现在合成钻石来了，天然钻石要想讲一个"天然好过人造"的故事，就必须通过技术实现天然钻石的产品溯源。其实天然钻石真的很难溯源，并且天然钻石进行产品溯源意义也并不太大。一方面天然钻石进行产品溯源后，很容易暴露天然钻石的来源不合法，如果要真正地实现产品溯源，估计全球也就10%的钻石可以完全做到产品溯源。当然这其中相当大的一部分天然钻石由于价值较低的原因，没有进行产品溯源的意义。另外一方面，由于"血钻"和未完全清关等原因，以及销售环节的偷税漏税，天然钻石也不可能"自寻死路"去进行产品溯源。天然钻石中或许只有50分以上的钻石值得产品溯源，通过反复证明自己是"天然的"来获得一定的利润空间。合成钻石或将成为天然钻石开始真正进行产品溯源的推手，并且由于合成钻石的快速发展，天然钻石的销售合法性将得到空前的提高，只不过这一切都以牺牲原有利润为前提，不过似乎也只有这样的路可供选择。

二、通过高品质大钻增加顾客忠诚度

一直以来天然钻石行业分成三个价格区间，其中最低层次只要是一颗钻石就行，解决的是有无的问题，对价格的要求自然是越便宜越好。最高层次的是买克拉钻的高端人群，他们其实不差钱，因此对价格并不太在意，反而可能认为天然钻石的价格越高越符合他们的身份。便宜永远不是高端人群的选项，天然钻石的高端客群仍会在相当长的一段时期内继续拥护天然钻石，哪怕是贵或是根本不值，因为炫耀性消费的属性决定了他们必须要选贵的。天然钻石市场的中间消费层是两难的，一方面喜欢合成钻石的便宜，一方面又怕别人说他们买的是合成钻石。这个人群相当

目前世界最大的方形祖母绿切割钻石
（302.37 克拉）

大的概率是买一个天然钻石和一个或数个合成钻石，因为这样他们的钻石综合获得成本才会最低。综上所述，天然钻石的高端人群仍有可能继续支持天然钻石产品，同时天然钻石的经营者也会不遗余力地满足这些"剩之不易"的高端客群，哪怕是这个高端客群仍处在不断减少过程中。高品质大钻的合成钻石生产成本仍然很高，如果高品质大钻的人造成本不能大幅度降下来，或是不能改变天然大钻消费者的固有认知，合成钻石是很难攻破高品质天然大钻这个最后堡垒的。高品质大钻未来或将迎来不断的炒作空间，只有不断地炒作天然大钻的升值，天然钻石的经营者才能获利，但这也许会让高品质大钻最终成为另一个"高端翡翠"。

三、快速低价甩货抢夺低端钻石市场

一直以来我最担心的是30分以下的天然钻石，因为这一价位的天然钻石基本属于垃圾钻石，几乎没有被回购和二次销售的可能。30分以下的天然钻石基本都是低端的钻石，这几年来也在不断地贬值，同时全球的低端天然钻石的库存量也是十分巨大的。合成钻石在30分这个低端钻石市场是极有优势的，尤其是花30分天然钻石的钱可以买个一克拉合成钻石时，那么天然钻石的30分低端市场将面临着雪崩式的崩塌。当然现在

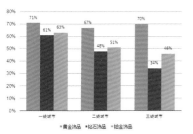

黄金饰品、钻石饰品、铂金饰品在中国一二三线城市的销量占比

由于合成钻石的宣传力度不强，这种对天然钻石十分不利的局面尚未形成，但在时间的延长线上这是不可逆转的趋势。为了在这个时间节点前尽可能地甩货套现，未来3年内的30分甚至50分天然钻石必将进入快速低价甩货期。在大趋势面前任何挣扎都是徒劳的，如果天然钻石的低端市场价格战开始，那么天然钻石的整体价格都将快速崩塌，届时合成钻石的低价将得到更大的支持。消费者一旦发现天然钻石的价格不稳，将真正明白天然钻石垄断下的暴利，或许进而形成天然钻石营销骗局的错误认知，那么这一切都将成为对天然钻石的绝杀。因此合成钻石只要攻破低端天然钻石的价格防线，那么天然钻石的神话就将成为笑话，而合成钻石一出场将因为低价格成为市场的最终胜利者。

四、通过先发优势拖延合成钻石决胜时间

有人说天然钻石的利益攸关者拥有富可敌国的财富，绝对不可能让合成钻石轻易取胜，他们完全有可能用财力压死或拖慢合成钻石的发展进程，对此我十分不认同，因为犹太人真的没有那么傻，这简直就是毫无意义的自杀。合成钻石可以源源不断地制造出来，就像不死大军一样一波又一波地杀来，天然钻石的既得利益者好不容易获得了富可敌国的财富，他们最理性的选择是保

合成钻石裸石

持既得利益的稳定，同时也不放过新风口的巨额回报。这个世界上有太多可以获得高额回报的产业了，传说犹太人在一个行业低于35%投资回报率时就退出，他们绝对不会在天然钻石行业苦战。虽然低于35%投资回报率就退出可能只是一个传说，犹太人不可能要求这么高的投资回报，但犹太人绝对不会让自己亏损的。犹太人认为一切财富都是上天赐予的，他们绝对不会做让财富无法增值的事，因此我可以断定，天然钻石的最大受益团体绝对不会拿出巨额财富来阻挡合成钻石。这就好比一个亿万富翁绝对不会和一个穷鬼赌身家，因为这不仅让自己觉得得不偿失，更让观众觉得这个亿万富翁真是一个十足的傻瓜。好在天然钻石与合成钻石并非零和博弈，而是各自抢占各自的市场，随着市场的逐渐成熟，二者的命运也将区隔开来，但最终受益的都是消费者，消费者将是宝石级合成钻石技术发展的最直接受益者。随着已知天然钻矿的不断关闭，未来大克拉天然钻石或许真到了稀有的程度，也许在未来的某一天，天然大钻或将重启价格上涨模式，但这都无法改变人类进入合成钻石时代的结局。

第三节 婚钻将是合成钻石的主战场

随着中国经济的发展和珠宝消费者品味的提高,克拉钻或许已成为很多结婚人群的首选。戴比尔斯对钻石文化的推广成绩斐然,现在无论是国外还是国内消费者对结婚戴钻戒已高度认同,钻戒已成为结婚必不可少的硬通货。天然钻石一直以来的核心客群就是结婚人群,或者也可说结婚消费是天然钻石的基础消费,没有结婚人群的稳定支撑,真不知天然钻石的结局会怎么样?这段时间与同行讨论合成钻石在首饰领域的发展方向时,很多人都建议用合成钻石做时尚市场,千万不要去碰婚庆市场,一来会引起天然钻石的全面反击,二来拿合成钻石做婚庆市场的难度太大了,谁会买一个合成钻石去见证爱情呢?听着这些似乎非常有道理的话,我陷入了深深的迷茫。抽雪茄有三重境界:第一重是"唯我独尊"，第二重是"唯我独享"，最后一重是"物我两忘"。可能是我抽的速度太快，或是迷茫太久，不知不觉我居然有些晕茄了，或是达到了"物我两忘"的品茄最高境界，我突然发现问题的答案并不是我们想象的那样，为什么我们一定要听主流的声音呢？难道他们就不会被"误导"吗？

一、谁说合成钻石必须要走时尚路线

我一直关注着合成钻石走时尚路线的相关资料，却一不小心发现了一个可怕的事实：几乎所有的合成钻石必须走时尚路线的论断都是戴比尔斯提出的，并且戴比尔斯还贴心地为我们做了一个样板品牌示范，推出了一个时尚的合成钻石品牌Lightbox。这样一来我们似乎都要感激涕零了，但冷静下来想一想，如果这只是戴比尔斯保护天然钻石的一种策略呢？会不会是戴比尔斯以此来干扰合成钻石发展呢？同时业界还有一个信息就是戴比尔斯用了70年的时间，集结了世界上最顶尖的合成钻石专家，掌握了世界上最先进的合成钻石技术，难道他们这些准备都是为了好玩吗？这突然让我想到了一个故事，一个很久以前听到的"爱迪生雪藏荧光灯技术"的故事，这个故事的真伪我无从考证，只是想通过故事的大致内容来说明一个可能。故事的大意就是爱迪生发

Lightbox 广告

明电灯泡后不久，就有人发明了荧光灯，但由于大量的电灯泡已开始量产，爱迪生就买下了荧光灯的专利放在保险柜多年。这或许只是一种阴谋论，我也并不真的相信这个故事。不过，如果天然钻石被戴比尔斯培养了这么多年，它怎么能让后起之秀合成钻石如此顺利地抢夺胜利果实。我相信如果戴比尔斯把广告改成"钻石恒久远，培育更环保"，那么合成钻石或将立即得到广大消费者的拥护，但这种做法的结局就是以前所有对天然钻石的投入将无从收回。综上所述，戴比尔斯只能费心费力地把合成钻石引到时尚珠宝之路上来，因为他们在天然钻石领域的投资实在太大了。看遍世界所有时尚品牌的发展路径，我发现合成钻石走时尚之路简直就是一个天大的坑，一个可以让合成钻石迷路的坑，大家可以看看时尚之路上有多少成功者，并且所有成功者又付出了多大的努力。时尚人群永远是小众人群，而且还是天底下最难"伺候"的人群，更可恨的是这个领域变化实在太快了。如果合成钻石直接以克拉钻为契机攻打婚庆市场呢？总有一些喜欢大而出不起太多钱的结婚人群。如果按当前的合成钻石技术水平，在价格上与天然钻石相比可以差到2~3倍，这或许会让很多消费者把50分左右的天然钻石一下子升级到了合成克拉钻。哪怕是抢到

10%的天然钻石婚庆市场，合成钻石都会赚翻了。

二、如果合成钻石不走时尚路线会怎样

作为钻石行业的从业者都知道，婚庆市场是天然钻石最大的市场，尤其是像中国这种发展中国家，很多人的婚钻也是人生中的第一个钻饰，因此这个绝对的刚需市场才是最有价值和最容易打开的市场。钻石行业在中国发展了近四十年，我们通过I Do、DR和其他所有因婚钻而成功的品牌可以看出，把婚钻做好绝对是可以获得巨大成功的。然而这么多年来，国内真不知有哪个时尚钻石品牌成功了，不是说时尚与钻石无关，而是钻石时尚品牌成功太难。如果问合成钻石走婚庆市场到底行不行，我个人认为其实是完全可行的，只要摘掉"合成钻石是假钻"这个莫须有的罪名就一切可行。"合成钻石是假钻"这种说法不是误会就是误导，虽然这么多年来全球确实出现了各种各样的钻石仿品，合成钻石也引来了诸多误会，但是现在无论是国外还是国内，所有的权威机构都不认为合成钻石是假钻石，只要从业者在经营过程中不断投入正面的宣传，这个误会自然就可以顺利解除。如果别有用心的人刻意引导消费者认为合成钻石是假钻那就麻烦了，不是所有的天然钻石经营者都像戴比尔斯那样有胸怀，尤其是在合成钻石没有权威组织的现阶段，

合成钻石戒指

合成钻石的正名和利益维护将是一个大问题。如果解决了合成钻石不是假钻的这个误会，并且我们能把"合成钻石"的官方命名改为"培育钻石"，未来合成钻石就完全有可能与天然钻石共同竞争婚庆市场。合成钻石当前最有可能走的路就是在没有行业组织的情况下，先尝试假装走时尚珠宝或饰品之路，当天然钻石大意时或是不小心犯错时，再大举进攻婚庆市场，那么合成钻石就真的可以分走天然钻石精心保护了几十年或是上百年的蛋糕了。

三、合成钻石决战的主战场将在何处

曾有朋友问我天然钻石与合成钻石决战的主战场在何处，我个人认为这个战场主要在婚庆珠宝，尤其是在30分、1～1.5克拉和3克拉这三个段位，以及彩钻领域，尤其是克拉级的彩钻领域。为什么说决战的第一个战场是30分这个段位？因为这是当前天然钻石主流的消费段位。30分这个段位我个人估计只需要2年的时间，合成钻石就能率先完成破局，届时可以通过一系列的价格战来击败天然钻石的各种阻击。30分的天然钻石基本是不具备什么保值性的，当天然钻石没有保值功能时，其竞争力远不如合成钻石，反正都不保值，差不多的品质却差了几倍的价格，谁会傻到不买合成钻石呢？决战的第二个主战场是1～1.5

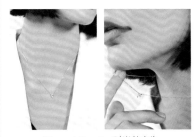

Diamond Foundry 时尚款广告

克拉，这其实直接跳过了30～50分这个段位，因为这个段位竞争真的没有什么意义。1～1.5克拉是高端婚钻的最优选择，也非常适合大部分中国人的手型，未来的3～4年左右，这个段位的合成钻石在中国都会成为主流，在美国可能会更快。3～4年以后的结婚人群以00后为主，他们更能接受新鲜事物，那时天然钻石的克拉钻也将不再具有独特竞争力，因此这个段位也将是合成钻石的"新城"。第三个钻石竞争的主战场或许是3克拉这个段位，我个人认为3克拉真的很大了，无论是东西方手型3克拉都将足矣。戴3克拉的结婚人群或许会在意钻石的来源，因为即使5～6年后，3克拉的合成钻石也不会太便宜，因此我们可以预见3克拉钻石成为婚戒还是需要一段时间的。其实未来5～6年后，随着合成钻石的进步，我相信大量的高端人群和明星会选择3克拉这种大级别钻石的。在3克拉这个段位，合成钻石会攻到天然钻石的大本营，这或许是天然钻石最后的利润源，也会是一场长期的残酷战争。如果3克拉级别的合成钻石可以大批量生产，我真的不知届时天然钻石将魂归何处。或是变成一些小众收藏者的选择，或是只能成为一种回忆，当然这种乐观的估计是建立在合成钻石顺利发展的前提下，并且还要天然钻石配合"躺着等死"的情况下才有可能发

Diamond Foundry 时尚款广告

生。大概率是天然钻石会利用现在拥有的全方位优势不断地打击合成钻石，合成钻石的发展之路依然漫长。不过合成彩钻，这种不依托婚庆市场的特殊产品，或许可以很快地战胜天然彩钻，谁让天然彩钻确确实实很稀少呢！

四、如何挑战天然钻石的婚庆市场优势

天然钻石对结婚人群的文化营销是十分成功的，尤其是给人们灌输了一个"天然钻石非常稀有、并且相当保值"的概念，最重要的是可以象征爱情，数十年来给天然钻石带来富可敌国的红利。然而随着不断有天然钻矿被发现，天然钻石维持其稀有性的故事实在太难了，其实很多天然宝石远比钻石稀有，但也没有见谁发过天然钻石这种横财。戴比尔斯真的非常善于宣传，经常报出的一些"某某矿产能已达顶峰""某某矿即将关闭"的新闻，让人们感觉天然钻石马上就要消失了似的，只能不断"买买买"。其实戴比尔斯从来就不会公布他们有多少库存，也许他们的库存都够我们再消费几十年。当然这是我不负责任的猜测，但假设这个世界天然钻石真的稀缺，他们应说自己拥有多少库存，完全没有必要再卖了，留着坐等升值就好了。我想戴比尔斯正在愁着如何让自己的库存最大化地变现。同时说句负责的话，无论在零售端还是批发端，消费者购

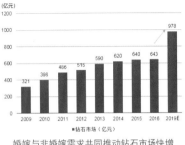

婚嫁与非婚嫁需求共同推动钻石市场快增
（亿元）

数据来源：公开数据整理

103

买的天然钻石，从时间的延长线上来看都绝对没有保值能力。或许在一段时间内从零售价上看似乎涨价了，但到二手市场上去估价，只要天然钻石到了顾客手上就自然会大幅地贬值，所以天然钻石不过就是一件溢价较高的商品。如果天然钻石不能保值，请问天然钻石如何见证和守护完美的爱情？难道我们的爱情也要像天然钻石一样，一买到手就大幅贬值？当然这只是一句玩笑话，严格意义上说，钻石文化真的不是什么中国人的珠宝文化，结婚戴钻戒完全是营销出来的奇迹。如果天然钻石不保值，结婚戴钻戒只是一个形式，为什么我们不省点钱或是用同样的钱买一个更大的合成钻戒呢？我相信大多数理性的女性消费者，都会认真思考合成钻石的好处。"真心爱一个人，让他买合成钻石，节省的是不必浪费的钱，换来的是真心实意的爱。"我想如果合成钻石以此作为广告和宣传用语的话，以文化营销对战文化营销，以设计和品牌赋能对抗"天然"的讲故事优势，合成钻石的高性价比优势完全可以占领天然钻石的广大阵地。

从需求方面来看，中国人口结构、消费习惯和消费能力的变革是国内钻石市场需求增长的持续动力。一方面，占中国人口比例35%，出生在1980—2000年的千禧一代消费者进入适婚年龄，

Diamond Foundry 婚戒广告

这促成了对钻石的刚性需求。2009年以来，我国婚姻登记结婚人数均超过1100万对，近年来虽然有所下降，但整体规模还是相当大的；另一方面，由于我国消费者结构的优化和整体购买力的提升，带来了钻石购买频率的提升。中国中产阶级消费崛起将成为钻石消费增长的重要动力。根据贝恩咨询的预测，中国的中产阶级数量在未来10年内将有大幅增长。中国中产阶级家庭在2020年将达到2.24亿户，在2030年将达到5.46亿户。不仅如此，中国千禧一代和女性消费者的消费能力提升，带来了消费观念和消费习惯的革新，推动了钻石购买频率的提升。对比发达国家市场，我国人均钻石消费金额仍然普遍偏低。2018年钻石公司戴比尔斯报告显示：70%的美国居民拥有钻石首饰，而中国只有20%的城市居民拥有钻石首饰，中国钻石市场仍具备广阔的发展空间。因此，未来随着我国人民生活水平的提高，以及人们对合成钻石认知度的提高，我国合成钻石的市场需求量仍将持续增加。在中国合成钻石消费总量即将大幅增加的情况下，合成钻石的婚庆市场也一定会同步放量上升。

钻石不仅只是用于婚姻，还有亲情、友情、爱情，以及消费者的自我奖励。婚嫁情景渗透率提升以及非婚情景购买占比提升，将成为珠宝镶嵌品类复购率提升的主要原因。在中国，婚嫁钻石的消费占比约三成，这就意味着非婚情景的购买，即大多为二次购买钻石品类的复购场景，超过七成。钻石镶嵌产品已经具备更加复杂的情感意义，作为亲情、友情、爱情以及自我犒赏的表达，而不仅局限于订婚或是婚礼。作为合成钻石来说，天然钻石正有引导消费者向个性消费方面发展，试图用扩大的市场来保护自己核心的婚嫁市场，而如果合成钻石真走这种路，意味着将错过极好的与天然钻石竞争的机会。其实合成钻石非常适合进攻婚嫁市场，尤其是因为这是天然钻石的核心利润市场，如果合成钻石能在此处得利将有助于打破消费者的固有观念，从而带动整体合成钻石销量的提升。天然钻石在婚嫁市场看似有优势，但中国国民对高昂的婚嫁钻石忍耐已久，大量的购买能力较弱的消费者也期盼能拥有一颗钻石，而这恰恰给了合成钻石以机会。

五、合成钻石在婚庆市场决战推演

如果说合成钻石要和天然钻石在婚庆市场决战，合成钻石要把握三个要点：第一个要点就是合成钻石必须建立最广泛的联盟，并且最好是无中心的网络联盟，同时相应联盟中的节点性人群不能由天然钻石业者控制。目前的合成钻石领域是一盘散沙，没有组织、没有联盟，大家都为了

早期天然钻石广告

利益各自为战，这样的局面是极其危险的，很有可能被天然钻石的利益攸关者所围歼和团灭。当然一个强大的联盟不是一天建立起来的，但如果一天不建立起来，就一天不能有效地组织起来对抗天然钻石的力量，同时合成钻石也就不能有序和高效地发展起来。第二个要点就是要在整个珠宝界给合成钻石进行准确的定位。合成钻石既可以定位成饰品，又可以定位成珠宝，这种可以跨界的特殊产品必须尽快给予正名，否则很难保证自己的应得利益。我个人认为合成钻石完全可以定位成珠宝首饰，因为合成钻石从物理、化学和光学角度来说基本和天然钻石是一样的，如果只是因为价格便宜就被定成饰品是非常不公平的。合成钻石绝对是平民钻石，是每一个中国人都可以买得起的钻石，合成钻石所代表的科技力量是人类战胜自然的象征。作为平民宝石之王的合成钻石，如果能得到广大消费者的认可，未来国人将节省大量收天然钻石尾货的外汇，同时可以让更多的人拥有更大更闪的钻石。第三个要点是合成钻石必须以更快的速度迭代，尤其是生产成本要不断降低，钻石品质要不断提高，这样就可以一波又一波地向天然钻石发起冲击，最终会形成一波大浪冲垮天然钻石的防线。我并不是与天然钻石有什么仇什么怨，相反我非常喜爱天然钻

曾几何时系列产品
图片来源 正元韩尚

曾几何时系列产品
图片来源 正元韩尚

107

石，但我深知从负责任的角度来看，我们中国人真的不能再不加节制地消费天然钻石了，我们中国人要支持自己的合成钻石产业。

我相信我们的合成钻石产业如果能做到以上三点，未来随着时间的推移和科技的不断进步，合成钻石最终一定会在婚庆市场的大决战中取胜。如果合成钻石可以把新郎新娘的头发做成钻石，如果合成钻石可以用更浪漫的方式去创造价值，我想一定会加快合成钻石战胜天然钻石的脚步。

表 3-1 中国主要合成钻石生产商（2019 年 10 月）

名称	机器总数（台）	钻石机器数量（台）	毛坯数量（克拉）
中南钻石	4500	900	50000
黄河旋风	4000	600	20000
郑州华晶	15000	600	25000
力量钻石	250	100	5000
修武鑫锐	100	80	10000
河南厚德	40	—	—
济南中乌	30	—	—
山东昌润	100	—	—
营口金铮	37	37	3500
辽宁新瑞	30	30	3000
鸡西浩市	16	16	1200

1048~1069

中国钻石革命

第四章 合成钻石在中国的默默崛起

天然钻石钻矿是中国人永远的痛   *110*

中国合成钻石产业发展之路   *124*

论中国合成钻石领域中的民族主义者   *131*

夫妻店或将成为合成钻石的主力军   *142*

第一节 天然钻石矿是中国人永远的痛

曾经读过中国天然钻石的一则新闻，那就是中国的天然钻石探明储量和产量均居世界第10名，天然钻石储量中国居亚洲第1位，这让人感觉中国好像也是一个天然钻石较多的国家。只不过真实的情况却是，这个世界排名对中国来说意义实在不大，中国天然钻矿年产量仅为20万克拉，只有辽宁省的瓦房店、山东省的蒙阴县和湖南省沅水流域这三处钻矿能达到开采要求，且这些钻石矿整体规模不大，开采出来的产量也很少，无法满足中国市场巨大的需求量。这样的产量基本在世界上没有什么意义，只能说是聊胜于无。不过值得一提的是，山东蒙阴是我国的大钻产区，曾开采出多颗上百克拉巨型钻，后来在接近枯竭的矿坑上建了一个沂蒙钻石国家矿山公园，向世人展示了一部"中国钻石史"。中国的这三个钻石

临沂蒙山金伯利钻石矿景区钻矿

矿都是金伯利岩型矿，在湖南的沅水流域钻矿尚未找到原生矿，也许有一天这里还会给我们一些惊喜，但也不知这个惊喜要等到什么时候。中国于1965年先后在贵州和山东找到了金伯利岩和钻石原生矿床，1971年在辽宁瓦房店找到了钻石原生矿床，现在仍在开采的两个钻石原生矿床分布于辽宁瓦房店和山东蒙阴地区，钻石砂矿则见于湖南沅江流域、西藏、广西以及跨苏皖两省的郯庐断裂带等地。除此之外，中国在河南、湖北、宁夏、山西、四川、河北也发现过钻石，但品质和质量都没有达到开采的要求。中国现在正在开采的三处钻矿中，属辽宁省瓦房店出产矿石的质量最好，山东省的蒙阴县出产的钻石个头较大，但是这些都改变不了中国贫钻的现实。没有对比就没有伤害，我们的邻居俄罗斯在西伯利亚发现的超大型天然钻石钻矿——波皮盖陨石坑，钻石储量就有数万亿克拉，比全世界其他国家储量之和还多10倍，可供全世界的钻石需求达3000年。我们此刻怨天尤人于事无补，世界就是这么不公平，现在我们能做的就是再把中国钻石的开采史梳理一下，让后人还知道我们的天然钻石开采史。

一、我国最早的钻石开采地

清朝道光年间（1821—1850年），湖南西部的农民在湖南的沅水流域淘金时，先后在桃源、

世界上最大的钻石矿坑——俄罗斯波皮盖坑，蕴藏数万亿克拉的钻石，超过全世界现有的钻石储量，能满足市场3000年的需求。

常德、黔阳一带发现了天然钻石，不过那时还没有想到把钻石当成珠宝，而是把钻石做成了补瓷器用的钻头。我们中国人最务实，面对钻石也只想着把它当成实用的工具，没有其他"非分之想"。1954年我国在湖南常德组建了国内首支天然钻石专业地质队伍，即湖南省地勘局413队。1958年在湖南常德建立了中国第一家天然钻石开采企业601矿，开始了中国天然钻石的正式规模化生产。湖南省的天然钻石储量和产量都不是很大，年产量也就在2万～3万克拉，年产量最高时达到了5万克拉，其中开采出来的宝石级钻石占了60%～80%。在湖南省发现的最大天然钻石重62.10克拉，只是中国人没有兴趣收藏如此大的钻石，这个重62.10克拉的钻石于1992年销往了国外。湖南省地勘局413队对中国的钻矿勘探作用很大，先后探明丁家港砂矿、桃源砂矿、沅陵窑头砂矿、安江砂矿等金刚石砂矿，共计发现天然钻石储量74.3万克拉。湖南省沅水流域的天然钻石具有质优、光泽强、颗粒度大、宝石级比例高等优点，我国第一颗人造卫星上的天然钻石就是采用了常德沅水流域开采出来的钻石。天然钻石不仅是珍贵的宝石资源，更是重要的新兴产业战略资源，除了一般工业上用于研磨材料和切削工具，在电子工业、激光技术、核能、空间技术、高能物理及医学等多种领域中起到不可取代的作用。一直以来，中国的天然钻石矿产严重依赖进口，所以天然钻石矿的发现与开采对破解钻石资源束缚、提升国家的综合国力和改善民生经济都有重要意义，说到中国钻石矿的发展历程，我们不得不对那些地质工作者表达由衷的敬佩。

二、我国储量最大的钻石产地

在辽宁省大连市瓦房店地区，有一座储量高达四百万克拉的大型钻石矿，这个钻石矿是中国迄今发现的最大钻石矿，这对整个亚洲来说都是影响巨大的。瓦房店地区钻石储量丰富与其特殊的地理环境有关，据专家介绍，大约在距今四亿六千多万年前，该地区发生过一次威力强大的火山爆发，将地下二百多公里深处的岩浆带上了地面。这些岩浆冷却后，其中一部分变成了蓝色的岩石，这就是蕴藏钻石的金伯利岩石，瓦房店也因此成了中国钻石的重要产地。1971年，我国地质工作者在辽宁南部复县瓦房店的岚崮山发现天然钻石原生矿。这是我国距今发现最晚、储量最大的钻石产地，该矿于1990年10月24日建成投产，钻石储量占当时全国已探明储量的50%以上。产出的天然钻石有70%左右达到宝石级别。后来当地成立了"瓦房店金刚石股份有限公司"，共产出天然钻石近百万克拉，并开采出三颗大颗粒

辽宁瓦房店钻矿

天然钻石。其中岚崮一号，重60.15克拉，岚崮二号，重38.26克拉，岚崮三号，重37.97克拉。据了解，瓦房店的矿石储量约1320万克拉，相信了解钻石价值的人应该知道这么多的钻石是多大的一笔财富。而且研究表明，瓦房店开采出来的钻石纯度比南非的天然钻石还要高，因此瓦房店还被人们称为是"东方钻石之都"。据有关数据统计：该地的钻石储量已经占了全国总量的一半之多，现在一克拉钻石的市值是在3万～5万元不等，因此大量的钻石开采出来，为我国带来了巨大的财富，也大大地促进了瓦房店经济的快速增长，让一个原本默默无闻的地方被大家所熟知。

三、我国发现的巨型大钻

中国作为一个有天然钻石的国家，也曾发现过巨型大钻，我们可以梳理下我们的大钻，也多少可以自豪一下。由于历史的原因，我们所能了解到的大钻信息实在是少得可怜，按时间顺序发现的大钻如下：第一颗是"金鸡钻石"，1936年1月在山东郯城金鸡岭，当地农民发现了重达281.25克拉的黄金色大钻，通体黄色透明，耀眼夺目，形状似出壳的小鸡，因其产于金鸡岭，最后命名为"金鸡钻石"，不过遗憾的是在抗日战争时期被日军掠走，至今下落不明。到目前为止这颗"金鸡钻石"仍是我们所知的在中国发现的最大钻石。第二颗是"常林钻石",于1977年2月21日在山东省临沂市临沭县常林村发掘,由常林大队魏振芳同志发现。由于是由常林大队发现,为了纪念他们的贡献,故而这颗钻石得名"常林钻石"。常林钻石重157.78克拉,呈八面体,质地洁净、透明,淡黄色。"常林钻石"现收藏于中国人民银行国库中,是我国的"国家宝藏",这也是我国现在拥有的最大本国钻石。第三颗是"陈埠一号",1981年8月在山东郯城陈埠发现的,重达124.27克拉,命名为"陈埠一号"。第四颗是"蒙山一号",1983年11月发现于山东蒙阴,重达119.01克拉,命名为"蒙山一号"。这四颗钻石虽然比不上世界上名声显赫的"库里南钻石",但至少也说明了中国在大钻领域并非一片空白。

作为稀缺资源,天然钻石矿有着"宝石库"的美誉,它不仅会贡献大量的钻石,同时还会提供大量的航空、制表、磨砂等不可或缺的顶级材料。由于钻石行业营销对消费者造成的洗脑,中国消费者只知道南非钻石是最好的钻石,只知道摆在柜台上的闪耀钻石都是"漂洋过海"来见证自己爱情的,并不知道其实中国本土也有生产钻石,并不知道中国人为了寻找钻石矿、建立自己的钻石产业付出了多大的努力,付出了多少的时

常林钻石

陈埠一号

间。找矿工作是十分艰辛的，危险性极高，中国在1965年掀起了一波找矿高潮，辽宁省第六地质大队44年间在大连市瓦房店1000多平方公里的山野里共找到了3条钻石矿脉，112个金伯利岩体，4座百万克拉以上藏量的大型钻石矿，在辽宁省地质勘探领域树起一座丰碑。其实中国人是很有情怀的，对钻石矿的执着追求背后不仅仅是商业需求，更重要的是维护国家利益，毕竟这涉及一个国家在国际上的竞争力。有资源才能有更大的发言权，才能有更多自主权，由于不可控的历史原因和地理因素，中国的钻石矿现状成为了中国人不可言说的痛，但是好在上帝为我们打开了另一扇窗。在中国人自强不息的努力下，中国的合成钻石产量长期占据世界第一的位置，在合成钻石领域中国终于扬眉吐气了一把。无论如何，钻石作为如此重要的战略性资源，我们不能长期依赖进口，只有自力更生才是正解。所以说中国人大力发展自己的合成钻石产业是大势所趋，是人心所向，是各种作用力下的必然选择。中国合成钻石在产量上已经碾压世界其他国家，期待在不久的将来，中国在宝石级合成钻石的技术上也能碾压他国，并且建立起自己完整的钻石产业链。

四、中国因天然钻石付出的巨大代价

"结婚戴钻戒"绝对是营销出来的成果，同时也让缺少钻矿的中国消耗了大量的外汇，我们中国人就不能在这个领域绝地反击吗？答案是有可能的，那就是中国要建立自己的钻石产业，只有当中国建立起自己的钻石产业，中国人才可以无所顾忌地消费钻石。不过由于中国缺少天然钻矿，中国发展钻石产业必须跳出天然钻石的圈圈，直接进入到合成钻石时代。以前合成钻石由于技术不过关，因此一直未能用于珠宝首饰领域，主要应用在工业上。1970年美国通用电气公司通过改良相关技术，成功地合成出了大颗粒的宝石级钻石，因为其合成制造成本远高于售价，所以一直没有进行大批量生产。在随后的30多年间，日本、俄罗斯等国相继合成出了宝石级钻石，但都因为合成出来的合成钻石略呈黄色，再加上宝石级合成钻石的合成成本较高，所以仍然没有进行大批量生产。我国的第一颗人造细粒钻石诞生于1963年，由中科院地球化学研究所、中科院物理研究所、郑州三磨研究所和地质科学院等单位研制而出。此后四十余年间，合成钻石的生产技术虽然在不断地进步，但合成的钻石内含杂质较多，呈黄色、棕色或不透明，所合成的钻石属于中低档产品。在2005年，吉林大学超硬材料国家重点实验室合成出4毫米Ⅱa型钻石，纯度不是极高，但钻石颗粒较大。直到2014年底，中国才真正培育出纯净度极高的无色合成钻石，其

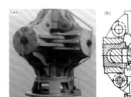

国产铰链式六面顶压机

实现在全世界只有中国、美国、俄罗斯和日本等少数几个国家掌握了人工合成宝石级钻石技术。在生产合成钻石时，国外一般都是采用两面顶压机，只有中国使用的是六面顶压机，后者产生的三轴向压力要比两面顶的单轴向压力更有利于合成钻石的生长。中国自1965年开始设计制造六面顶压机，由于中国自主研制的六面顶压机在合成钻石生产领域有一定优势，国内整个行业都在使用，很多国外厂家也来引进。由此可见，我们中国人在合成钻石生产上还是有一定技术储备和优势的，如果说这是我们现在已有的优势之一，我们应好好珍惜、善加利用，否则我们在整个全球的钻石产业链中将一事无成。

表 4-1 中国合成金刚石产量节点

年份	年产量突破（克拉）	实际产量（克拉）
1963	—	—
1966	—	1 万
1971	100 万	134 万
1984	1000 万	1000 万
1992	—	1.1 亿
2000	10 亿	12 亿
2011	100 亿	124 亿
2012	100 亿	140 亿
2013	100 亿	153 亿

资料来源：公开数据整理

表 4-2 中国金刚石出口数量及出口国家（地区）数

年份	出口数量／亿克拉	出口国家（地区）数／个
2000	1.15	30
2002	1.2	32
2004	3	34
2006	7	58
2008	13.5	60
2010	21	60
2012	21.3	60
2013	23.3	62

五、没有影响力的天然钻石消费大国

在全球钻石产业链中，开采环节基本没有我们中国什么事，原石加工和销售在印度和比利时等国，低端的镶嵌在中国，而全球钻石的高端品牌在国外。中国虽然是全球第二大钻石市场，但在天然钻石领域的影响力十分弱小。随着时间的发展，我们中国的珠宝首饰市场或将继续扩大，甚至扩大到接近美国或超过美国的程度，到时我国每年进口的天然钻石将是一个巨大的数字，我们或将成为世界上最大的天然钻石"接盘侠"。现在让我们中国去天然钻石的上游增加控制权不现实，因为这样我们的损失也不会减少，而且还有可能成为整个产业链的接盘侠。那我们中国人该怎么办？我们中国如何能拥有自己的钻石产业，并且在未来几十年中引领整个世界的钻石产业发展？我想我国只有大力发展合成钻石，另开一条赛道以合成钻石来与国外的天然钻石竞争。从整个中国合成钻石产业的发展脉络来看，我们可以充分利用在天然钻石领域获得的经验与优势，从而打造出一条世界性的合成钻石产业链。合成钻石领域中我们唯一缺少的就是大规模的磨石环节，其实也就是裸石的加工环节。在这个领域我们原来曾有相当大的产业工人和技术实力，但由于印度人工的优势，我们中国在裸石加工领域确实存在着相当大的问题。不过随着技术的发展和合成钻石因低价而适合机器磨石的属性，我们完全可以通过技术的提升和资金的投入，以大规模的机器磨石来补上裸石生产的短板。

六、中国人决不能再让出合成钻石市场

我们设想一下，如果我们中国在合成钻石全产业链方面能够完整和独具优势后，未来的中国钻石行业将是一个什么样的行业，到时中国的合成钻石完全可以改变当前的世界钻石格局。中国珠宝首饰行业是一个未来有可能过万亿的大行业，其中钻石的消费量会越来越高，中国珠宝首饰行业要想有一批国际性的强势珠宝品牌，唯有在合成钻石领域寻求突破，起码合成钻石也是中国人最有可能成功的机会点。在过去，合成钻石

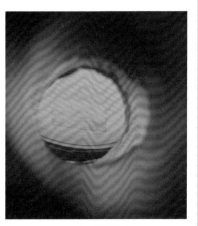

CVD 合成钻石生产

由于技术和成本的原因长期应用于石油勘探、矿山开采等传统领域，以及半导体、航天航空等高科技领域，一直没有大规模地在中国传统珠宝消费市场出现。今时不同往日，我国合成钻石的生产技术已经相当成熟，可以生产出较大颗粒的无色钻石，这或许能将我们带入到合成钻石时代。目前我们中国与美、日、俄等合成钻石技术强国相比，在合成钻石的生产技术上没有本质区别，只是在原材料、配方、传压介质，传热介质与压力精准度、控温精准度等技术细节上略有不同，因此我们完全可以通过资本投入与研发来获得技术领域的突破。其实一直以来日本在合成钻石的技术上都是最好的，即使是美国也曾向日本学习合成技术。1995年日本就生产出宝石级人工合成钻石，但是日本由于多种原因并没有把合成钻石真正产业化，这或将给中国人一个巨大商机。我们可以通过各种方式向全世界收购合成钻石的最新生产技术，然后通过国家的力量生产出海量的高品质合成钻石，届时不仅在钻石的工业领域，就是在钻石中最高端和利润最丰厚的珠宝首饰市场，我国的合成钻石也将横行世界。我们深知发展中国的合成钻石产业任重而道远，但通过发展中国的合成钻石产业，能真正地把中国的珠宝首饰企业和品牌团结起来，从而真正形成世界级影

济南金刚石科技有限公司的无色高压高温合成钻石原石

121

响力的珠宝力量。目前，我国珠宝首饰行业在世界的珠宝行业中只是一个低端的倾销市场，像是一只待宰的羔羊，如果没有合成钻石这一力量的支撑，我们在未来合成钻石大发展时代仍将继续以弱者的形象出现，这与我们中国的国际地位严重不符。作为中国的珠宝人，我们在面临着整个行业的走向抉择时，我们必须站在国家、民族、产业的高度来看待合成钻石产业。我们中国珠宝人必须打造出世界最强的合成钻石产业链，然后集体呼吁国民理性消费钻石，理性看待不断走向衰落的天然钻石。钻石回归本质不过就是一件首饰，它并不具备什么保值和升值的功能，钻石不是黄金也永远成为不了黄金这样的国际货币，而且钻石文化也不是中国人固有的文化，中国人完全没有必要因为追赶潮流而去消费价格高昂的天然钻石。如果回归到钻石本身的装饰功能，合成钻石更适合中国人的日常佩戴，同时也可以带动整个中国合成钻石领域的技术进步。无论是天然钻石还是合成钻石都见证不了爱情，爱情只需双方付出真心，剩下一切都需用心去经营。用一笔高额的资金去买一个被炒作出来的商品，然后坐等升值和保值，这并不是什么智者的选择，不信的话任何人都可以把买来的天然钻石拿去二手市场试试运气，看看能不能找到一个愿意高价接盘

合成钻石白钻
图片来源　正元韩尚

的傻瓜。随着国际巨头纷纷入局合成钻石市场，行业人都清楚合成钻石风口已至，而这也是我们中国人正式建立属于自己钻石产业的机会。我们拥有举世瞩目的合成钻石产能，不应该再将生产出来的宝石级合成钻石卖到海外，再由世界各地的经销商来卖给全世界的消费者。中国要把合成钻石发展成为我们中国的民族产业，我们不能再继续扮演初级制造者的角色了，中国珠宝首饰行业将因合成钻石而崛起。

合成钻石彩钻
图片来源 正元韩尚

第二节 中国合成钻石产业发展之路

　　想到中国合成钻石产业发展之路，我们还应回顾一下中国天然钻石产业发展之路。在 20 世纪 90 年代初，天然钻石开始进入我国，早期的中国天然钻石市场是一个混乱的市场，可以说在 2000 年之前，中国就没有一个明确的政府部门规范和管理钻石交易，那时候 99% 的钻石都是灰色交易。2000 年可以说是中国天然钻石行业的一个转折点，一个名叫艾森伯格的犹太商人和中国珠宝进出口公司以及上海陆家嘴（集团）有限公司商量，想在上海建立一个钻石交易机构。而就是这个设想，最终促成了中国钻石行业官方的交易和管理部门——上海钻石交易所的成立。那时的世界钻石行业是由戴比尔斯全权控制着，这个成立于 1888 年的全球最大钻石开采和销售企业，曾经一度控制着全球 90% 的钻坯市场。不仅如此，在戴比尔

上海钻石交易所

斯总裁尼基上任之后的 2000 年，他将存在了一百多年的戴比尔斯中央销售组织（CSO）更名为国际钻石商贸公司（DTC）。早在 1993 年，中国珠宝首饰进出口公司上海经营部曾经拥有看货商的资格，不过后来由于多种原因，当时中国内地企业拥有的这个唯一资格也失去了。从此就一直在天然钻石的产业链低端委屈地活着，即使现在好像也就周大福、六福和周生生有看货商资格，内地企业仍然都没有看货商资格。任何新生事物的发展都不会一帆风顺，越是有前景的事业越要面对更多的磨难，尤其是中国人有优势的合成钻石产业，还将面临更多的来自国外天然钻石势力的强烈阻击。经过反复推演我个人始终觉得中国合成钻石事业意义重大，发展势头无法阻挡。但如果要真正快速地把中国的合成钻石事业做起来，还需要经过很多艰难的考验，并且需要整个行业的共同努力，众志成城才能有所突破。合成钻石产业要想真正地做起来，我们需要通过各种办法突破以下几道关口，届时将迎来中国合成钻石真正的风口。

一、国家政策引导合成钻石产业全面发展

中国合成钻石的发展需要国家政策的支持和相关优惠政策的推动。众所周知，合成钻石并不仅仅应用于珠宝首饰，而且还广泛地应用于半导

体、航天和工业等，其中对半导体行业的影响最为深远。中国是一个大国，中国科技突破必然要靠自己，因此我们要在合成钻石这种新材料上给予一定的支持。为了推动中国合成钻石产业的发展，中国应在国家层面给予合成钻石生产、加工和零售领域一定的税收减免，同时或许可以在土地、资金和用电上给予适当的扶持，以此快速带动一大批的企业进入合成钻石领域，从而全面提升中国合成钻石的综合竞争力。合成钻石未来也可能成为国家的战略性资源，或许能在半导体领域带来一次全新的科技革命，到时我们中国如能生产出世界最优质和最便宜的合成钻石，那么我们中国完全有可能真正成为合成钻石的强国。合成钻石既有宝石级的品质又有饰品级的价格，这两种优势将使中国的珠宝首饰行业具备横扫世界的资格。如果我们中国能打造出一个年产值千亿级的合成钻石产业链，届时中国本土如有类似于施华洛世奇那样的世界级合成钻石品牌，定可以走出中国，走向世界。

二、行业组织力量推动重构钻石行业

中国合成钻石发展需要成立国家级的行业组织。现在国际上的天然钻石组织正在有组织、有系统地阻止合成钻石进入天然钻石领域，尤其是由原有利益团体成立的相关组织更是把合成钻石当成大敌。我想合成钻石，或是中国的合成钻石，以后想要顺利地进入由天然钻石推动成立的组织和机构是相当困难的，即使勉强进入也不可能发挥出什么作用。中国合成钻石行业目前只有中国珠宝玉石首饰行业协会设立的培育钻石分会，建议成立专门的中国合成钻石协会或商会，同时再成立国家级的中国合成钻石产业联盟，以及成立国家级的中国合成钻石发展基金。通过中国合成钻石协会、中国合成钻石产业联盟和中国合成钻石发展基金，以三位一体的战略推动合成钻石的产业发展。不仅如此，如果我们可以在此基础上再成立中国合成钻石监督检测中心以及中国合成钻石研究院，从检测和科研领域进一步推动中国合成钻石事业发展，我想届时中国必然会诞生一大批中国合成钻石上市企业和具有国际竞争力的合成钻石品牌。

没有行业组织的中国合成钻石行业将面临着群龙无首的问题，中国难免变成外国合成钻石企业的生产基地和赚钱机器。现在基本是中国生产合成钻石，然后出口到印度和美国，最后再加工成珠宝首饰卖给中国人。如果我们拥有那些可以推动合成钻石产业发展的行业组织和机构，我们完全有可能在合成钻石领域形成中国的合成钻石力量，从而真正把中国的合成钻石企业组织起来，

钻石毛坯和裸石成品

共同抗争国外的合成钻石力量。

三、突破关键技术，占领技术制高点

中国合成钻石在珠宝首饰领域需要突破机器磨石。目前合成钻石在国内加工成为珠宝首饰，仍然存在着一个环节上的难题，那就是我们还需要到印度去磨石。一直以来，由于中国的人工费远贵过印度，因此我们在原石加工成品裸石方面没有竞争力，所以中国的钻石磨石厂较少，并且还缺少优秀的产业工人。合成钻石不同于天然钻石，我们在现有的技术条件下，不能再考虑用人工磨石的方案追赶印度，我们要直接进入机器磨石的阶段，只有这种跨越式的发展模式，才可以快速地补上中国钻石生产中的重要一环。天然钻石的磨石由于钻石本身价值较高，需要尽可能地减少损耗，所以对产业工人的要求较高，而到了合成钻石时代，我们完全可以用机器代替人去加工合成钻石。目前中国在合成钻石生产上是世界上最强的，如果能把机器磨石推进到世界一流水平，以我们中国在镶嵌领域的强大优势，那么中国人的合成钻石成品优势绝对是世界级的。经过30多年的发展，中国现在天然钻石领域已有千店级零售品牌十多家，上市公司十多家，我们完全有实力在品牌打造和国际营销上获得空前进步，如果这些都得以真正地实现，我想我们中国的合

合成钻石切磨

成钻石强国梦必然会实现。

四、用数字化运营挑战世界钻业

钻石镭射腰码

中国合成钻石在珠宝领域需要率先进入数字时代。合成钻石若想与天然钻石竞争，首先要向消费者解释合成钻石的本质，其实也就是解决信任问题。合成钻石不是假钻，合成钻石是用人工生产的方式生产出来的高科技产品。为了有别于天然钻石，我们完全可以把所有合成钻石进行产品溯源，将所有的合成钻石裸石打上镭射腰码，所有的证书都进入数据库统一管理，并且可以做成全球共享数据，届时合成钻石的全球消费者都可以因产品溯源技术而得到消费保障。天然钻石源于自身的诸多限制条件，没有人能做到所有天然钻石的数据完全公开，而合成钻石由于从最初到最终的全产业链全额纳税把控，就从根本上解决了阳光透明的问题。试问天然钻石的零售商和品牌商，有多少家可以真正做到全部数据化，并且实现全球共享？未来的时代是阳光的时代，是全数字化的时代，是消费者有权知情全部产品信息的时代，中国合成钻石如何发挥出后发优势，我想必须从中国合成钻石的全数字化开始。不仅如此，目前所有天然钻石都以进入RapNet（国际权威钻石交易平台）销售为荣，但RapNet定然不敢让合成钻石进入，因为一旦合成钻石进入，对

RapNet 官网

白色合成钻石

天然钻石带来的负面影响是其无法承受的。如果不出意外，RapNet 将长期禁止合成钻石在其平台销售，因此合成钻石的全球化销售需要另建独立平台，或者说是中国的 RapNet 平台，这个技术完全可以由腾讯、京东和阿里巴巴这一类的公司负责，一旦中国合成钻石的 RapNet 平台建立起来，全球的合成钻石就将获得井喷式的发展。大数据时代是不可逆转的趋势，合成钻石的后发优势，尤其是可以真正做到的全税优势，或将让合成钻石在数字时代成为全球珠宝界最牛的黑马。我们期待着中国的合成钻石 RapNet 平台早日上线，期待着世界级的全球合成钻石产品进入统一的溯源系统。科技的发展脚步是无法被阻挡的，合成钻石行业崛起也是无法被阻挡的，其实国际上宝石级合成钻石市场的发展已经相当迅猛，而中国现在才刚刚起步。合成钻石的发展之路其实也很简单，当我们建立起完整、成熟的市场机制，当消费者对合成钻石有了清晰明了的认识，中国的合成钻石发展必将迎来一场史无前例的大爆发。

第三节 论中国合成钻石领域中的民族主义者

　　其实无论是天然钻石，还是合成钻石，都不过是一种商品，一种中国人已开始大量消费的商品。既然是商品，并且也不是什么战略性的资源型商品，天然钻石和合成钻石就应遵守所有商业规则。合成钻石的发展法则就如同其他所有商品一样，优胜劣汰，赢家通吃。那么中国合成钻石最终能不能成功，也就是中国合成钻石到底能不能赢的问题。作为中国人，尤其是中国的珠宝人，出于民族情感都自然希望中国赢得这场"钻石终局之战"，但再强烈的民族感情也不能真正有效地增加合成钻石取胜的筹码，因为合成钻石的成功更多的是取决于商业力量的运用。戴比尔斯在天然钻石领域的成功，给我们做出了一个如何使用商业力量的示范，合成钻石或者说中国合成钻

合成钻石毛坯

石的成功必须重视新时代背景下的商业力量运用。现在很多人一提到合成钻石就会带上"中国"二字，感觉不提"中国"二字就不爱国似的，用国家或民族的情感绑架整个合成钻石行业，并不是真正为合成钻石行业的发展而考量。不过由于任何产品都具备一定的文化属性，自然也存在一定的民族情感，因此我们也不能完全忽视中国合成钻石领域中的民族主义，否则一旦被别有用心者和哗众取宠者利用，或将阻碍中国合成钻石的发展，最终真正受影响的还是我们中国人千难万难积累起来的合成钻石生产优势。

一、正确看待中国合成钻石的发展

一直以来中国人在天然钻石领域都没有什么话语权，哪怕是我们成为了世界第二的钻石消费大国，我们中国珠宝人都因为处于产业链的末端而不具备相应的影响力。对于合成钻石这种源于特殊的产业分工而带来的一系列生产优势，让中国珠宝人误以为自己获得至宝，可以立即开始独闯江湖，改变整个行业的格局。这种想法是相当不冷静的，也是相当不现实的。中国合成钻石原有的产业生产优势，其实是微不足道，作为一个新兴的产业，要想真的改变或是颠覆一个行业，首先需要取得一系列的成功。我们需要理性地看待中国的合成钻石，如果我们国内不能形成合成钻石消费市场，或是不能有序形成合成钻石消费市场，那么我们中国是无论如何也成为不了合成钻石强国的。我们不能指望外国人来消费我们中国的合成钻石，主流市场在外或是国内市场相对狭小，都不利于孵化一个新兴的产业。什么时候我们中国消费者可以理性接受中国产的合成钻石，中国的合成钻石产业才能真正进入良性的发展轨道。给外国企业代工或只供应初级产品，我们就永远不能真正形成完备的合成钻石产业链。当然我们在不能过度乐观看待中国的合成钻石产业的同时，也不能悲观地看待中国的合成钻石，或许合成钻石真的就是我们中国珠宝人可以获得巨大成功的风口。中国珠宝消费者一直受国外珠宝消费者的影响，尤其是发达国家的消费风潮往往会影响到我们国内的珠宝消费，现在美国的消费者相对理性并开始大规模地接受了合成钻石，我们中国珠宝人就应顺势而为，开始全面地在中国推动合成钻石消费文化的传播。相当长的一段时期内，国内的很多天然钻石既得利益者，在天然钻石的主人都没有发声的情况下，就率先抵毁合成钻石，不断地抹黑合成钻石为"假钻石"。我们全体业者要客观冷静地看待合成钻石，既不能妖魔化合成钻石，也不能神化合成钻石，最好能把握住合成钻石给中国珠宝人带来的发展机会，把

合成钻石裸石

合成钻石打造成一个可以让全世界珠宝人瞩目的行业风口。

表 4-3 全球钻石市场销售

	重量／千克拉 （含工业品级）	总价格／百万美元 （含工业品级）
天然毛坯钻石 2017 年销量	150000	16000
天然成品钻石 2017 年销量	12000	25000
合成成品钻石 2017 年销量	1000	500
合成成品钻石 2018 年销量	30000	15000

资料来源：公开课数据整理

表 4-4 各国 2018 年和 2021 年 CVD 反应炉数量

年份 国家	2018 年	2021 年（预测）
印度	800 台	2000 台
新加坡	300 台	300 台
美国	120 台	300 台
日本	100 台	100 台
中国	300 台	1200 台
俄罗斯	25 台	200 台
欧洲	50 台	200 台
以色列	25 台	500 台
合计	1720 台	4800 台

2018 年 HPHT 六面顶压机数量：中国 7000 台、俄罗斯 1500 台、欧洲 200 台。
资料来源：公开课数据整理

二、中国合成钻石发展中的商业利益

任何事情都逃脱不了商业利益的考量，尤其是中国合成钻石可能关系到巨大的商业利益。合成钻石市场不仅仅会影响到天然钻石市场，由其

合成钻石可以做成各种颜色，加之未来的价格足够低，我相信合成钻石将严重地影响彩宝市场和传统饰品市场，可以说直接覆盖天然钻石、彩宝和饰品各方市场，这将深刻地改变珠宝行业和饰品行业。如果把这几部分市场都叠加起来，那么合成钻石产业所带来的商业财富绝对是一个天文数字。不仅如此，由于现在中国可以生产全世界90%的合成钻石，不说合成钻石在其他领域的应用，仅在首饰领域的应用前景都是巨大的，或者说可以通过合成钻石能使中国珠宝走向国际。我们可以试想一下，假设我们中国在合成钻石领域占据全球90%的合成钻石生产，然后再占据90%的裸石和成品加工，最后再在全球推出10家以上由中国人直接或间接控制的合成钻石品牌，那么中国的合成钻石产业将获得空前的成功，或者可以说远超我们在天然钻石领域的成功。在合成钻石的生产领域，我们还需要在CVD合成钻石生产方面加大投资力度，争取可以用这种方法生产出世界最好的合成钻石。目前中国合成钻石的产能主要集中在中低端领域，美国和日本的合成钻石生产技术很值得我们认真学习。中国合成钻石的生产技术如果能进入世界的第一阵营，加上中国人对大规模生产的偏好，那么在合成钻石产业中的生产领域我们绝对是无敌的。合成钻石由于整体

钻石首饰

的价值较低，因此可以摒弃昂贵的人工磨石，改用机器磨石。如果我们可以做到不通过印度就能完成所有裸石的加工，我们将真正形成中国特色的合成钻石机械化磨石产业。这个环节目前也是我们合成钻石生产中最薄弱的一环，我们需要全力追赶。在钻石镶嵌领域我们的优势是十分明显的，如果我们把传统的天然钻石镶嵌厂转为生产合成钻石镶嵌类产品，我们将形成整体的产业生产优势。这个全产业链的整合一旦成功，中国的合成钻石产业就如同一个巨大的赚钱机器般开始高速运转，从而深度变革世界的合成钻石产业和天然钻石产业。

三、中国合成钻石将改变行业利益分配

我们把合成钻石当成宝石来界定，我们现在的合成钻石属于珠宝行业，只是由于现在的市场规模较小，合成钻石在整个珠宝行业中实在是不值一提，因此也很难参与到全行业的利益分配中来。随着合成钻石领域的高速发展，合成钻石必然会抢占其他珠宝首饰的市场份额，从而迅速改变全国的珠宝行业格局和行业利益分配。现在在天然钻石领域，收益最大的利益攸关者是戴比尔斯等矿业巨头，他们站在产业链的最高端，自然也收获着行业最大的利润。其次是一些天然钻石的品牌商，他们由于有一定的品牌溢价能力，所

以也获得了相对不错的收益。至于其他的中间商或是服务商，都会因为合作方的收益决定自身的收益，这个领域由于行业固有的问题，他们面临的是当前处境最艰难的时刻。当然这只是天然钻石领域的利益分配，其他彩宝和首饰类产品也基本面临着同样的问题，处于相同的处境，因此合成钻石产品将深度地影响相关行业的利益分配。

说到中国珠宝首饰行业的利益分配问题，我们还要先解决一个公平的问题，那就是目前中国合成钻石对外贸易方面的税率并没有及时调整。由于中国过去没有能力生产宝石级合成钻石，为了鼓励国外优质合成钻石进入中国，我们国家规定宝石级合成钻石在上海钻交所进口，可享受和天然钻石一样的税率：免关税，消费税后移，进口环节增值税超过4%的部分即征即退。这样对于国外进口到中国市场的宝石级合成钻石来说，实际承担的进口环节综合税负是4%。目前，我们中国已经成为世界上最大的合成钻石生产国，尤其是产品的质量也达到了国际较高水平，有大量合成钻石需要出口，却没有相应的更优退税政策，这在一定程度上打压了国内合成钻石企业参与国际竞争的积极性。中国现在在合成钻石领域拥有领导地位，由于受制于进口同类产品的减税优势，最终导致在市场竞争中处于不利位置。因此

2.52 克拉高品质蓝钻（VVS1 净度 3EX 切工）
图片来源 湖州中芯半导体科技有限公司

我建议国家要及时调整宝石级合成钻石的进出口关税，最好将该品类纳入减税或退税的行列，这样将给整个中国合成钻石品牌和企业带来更多的发展动能。

四、中国合成钻石产业或将影响国家利益

根据中国黄金报社 2016 年发布的《合成钻石发展现状及前景研究报告》可以得知，目前中国已经成为了重要的合成钻石生产国，产地主要集中在河南和山东两省，绝大部分出产的合成钻石是 HPHT 合成钻石，其中最大可生产 10 克拉 I b 型黄色合成钻石，而且多家公司拥有 1 克拉以上批量生产技术。不仅如此，目前全球宝石级小颗粒无色合成钻石几乎都在中国制造，中国国产的 HPHT 大颗粒合成钻石的产量相对较少、价格高，约占全球产量的一半。从供应链上看，无论从技术产能，还是生产成本，与国外相比，中国在合成钻石领域的领先优势十分明显。然而，如何将这种巨大的合成钻石的基础优势，成功地转化为在世界合成钻石产业价值链上的胜势，却是我们国家和业者必须要认真思考的问题。合成钻石未来或许会成为国家的战略性行业，因为合成钻石在非珠宝领域的应用远超珠宝行业，即使在珠宝行业合成钻石也终将会成为千亿级的产业。目前国内每年的天然钻石、彩宝和其他宝石类产品的年度销售

额高达上千亿元，由于这些产品绝大多数中国都不能自给自足，因此我们需要用大量的外汇去进口这些产品。如果我们中国合成钻石产业真正地发展起来，就能减少大量的外汇支出，同时甚至有可能为国家赚取大量的外汇。中国现在的经济增长急需把每个子产业做强，只有这些子产业不断强大，中国的经济才能保持更好的增长。如果我们不能把合成钻石行业做大做强，当国外合成钻石的发展速度远超中国，中国将面临着新一轮的合成钻石溃败。如果未来中国在新一轮合成钻石风口的竞争中败北，合成钻石不仅不能为我们中国人带来财富，我们还有可能再被国外继续盘剥。这些年来我们已被外国人赚走了巨额的天然钻石外汇，赚了相当多的彩宝和其他宝石的利润，我们不能再让外国人赚合成钻石的钱，这将严重地影响中国的国家利益。不仅如此，由于合成钻石未来在半导体、军事和其他工业上的应用，珠宝行业的合成钻石产业发展将有效地推动相关领域的发展，因此我们不能仅仅局限在珠宝的视角去看待合成钻石。为了我们的国家利益，我们必须全力以赴地发展合成钻石产业，我们中国珠宝人也十分乐见中国的合成钻石品牌纵横世界。

据《南华早报》预测：在 2019 年宝石级合成钻石的全球产量分布中，中国居第一位，占全球

杭州超然金刚石有限公司生产的
7.06 克拉合成钻石
图片来源　IGI

139

中国钻石革命

■ China 56 %
■ India 15 %
■ US 13 %
■ Singapore 10 %
■ Russia 3 %
■ UK 2%
■ Other 1 %

2019 年培育钻石全球产量分布预测
数据来源　（南华早报）

的 56%，印度紧随其后占 15%，美国占 13%，新加坡占 10%，俄罗斯占 3%，英国占 2%，其他占 1%。从这些数据看我们可以看到印度和美国的合成钻石发展速度较快，其实合成钻石行业快速发展，首先要得益于全球的珠宝行业快速发展，随着千禧一代的成长，年轻一代对时尚饰品的需求逐渐增大。自 2018 年 5 月戴比尔斯宣布进入合成钻石首饰领域以来，施华洛世奇等传统的珠宝首饰企业纷纷宣布推出合成钻石系列饰品，在珠宝行业内掀起了一股合成钻石投资风潮。随着全球合成钻石市场的不断增长，中国的合成钻石市场也将快速成形，未来一个百亿级、千亿级的合成钻石市场将前景广阔。在合成钻石这条新的赛道上，我们不能再像天然钻石行业那样任由外国人主导，我们中国珠宝人也不能做外国珠宝巨头的"新买办"，我们要众志成城，同心同德，把握住这次难得的历史机遇，真正做大做强我们中国人的合成钻石事业。

2019 年香港珠宝展施华洛世奇合成钻石展区

表 4-5 合成钻石大事件（2017—2019 年）

事件主体	时间	事件
行业组织及机构	2018.7	美国联邦贸易委员会 (FTC) 对钻石的定义进行了调整，将实验室培育钻石纳入钻石大类
	2019.2	欧亚经济联盟推出培育钻石 HS 编码
	2019.3	HRD 针对培育钻石采用了天然钻石的分级语言
	2019.3	GIA 更新实验室培育钻石证书的术语
	2019.3	培育钻石展团初次亮相香港珠宝展
	2019.7	印度推出毛坯培育钻石 HS 编码
	2019.7	中宝协成立培育钻石分会
	2019.10	央视报道"实验室种出钻石"引发全国关注
	2019.11	培育钻石展团参加北京国际珠宝展
	2019.11	世界珠宝联合会 (CBO) 创立培育钻石委员会
	2019.11	欧盟通过新的海关编码区分天然钻石和培育钻石
	2019.12	NGTC《合成钻石鉴定与分级》企业标准发布实施
珠宝企业	2017.5	施华洛世奇旗下培育钻石品牌 Diama 在北美地区正式开售
	2018.5	戴比尔斯宣布推出培育钻石饰品品牌 Lightbox
	2019.5	美国最大珠宝零售商 Signet 开始在其线上品牌销售培育钻石
	2019.10	美国最大珠宝零售商 Signet 开始在线下门店销售培育钻石
	2019.11	美国第一个在线培育钻石交易平台 the lab-Grown diamond Exchange (LGDEX) 在纽约成立
	2019.11	Rosy blue 宣布开辟独立的培育钻石业务线
	2019.12	戴比尔斯向客户发布引导手册明确区分天然钻石和培育钻石

第四节 夫妻店或将成为合成钻石的主力军

前一段时间有位朋友说，有一个中国湖南人要到美国去整合当地的夫妻店，据说美国的夫妻店有5000家，他将以为每家提供一节柜台和货品的方式进行合作，因为美国消费者现在已基本可以接受合成钻石了，所以这种合作方式似乎可行且风险也较低。对比美国，我们中国的消费者对合成钻石还处于懵懵懂懂的阶段，因此可能市场培育工作显得更加重要，只是估计中国目前没有这么大胆量和大手笔的投资商。不过这件事却让我开始认真地思考全国珠宝夫妻店的合成钻石推广问题，其实我一直都在思考如何开发传统珠宝店的合成钻石特许经营模式，我曾多次想到过夫妻店模式且与相关行业大哥们讨论过可行性，但得到的一致回答是："不行！"反对的理由基本上都是说合成钻石代表的是时尚，而夫妻店是中国珠宝界最土的渠道，二者很难结合。现在全国大约有两万多家珠宝夫妻店，多数是没品牌且实力较弱的珠宝店，一般由老板娘或老板看店，雇两三个导购员，"不死不活"地占据着中国珠宝首饰行业最低端的市场。其实这些珠宝夫妻店的生命力还是很顽强的，由于很多店面都是他们自己的，房租基本可以不计，员工也不用很多，多是亲朋好友家的孩子，薪资不高，投入的货品也不是很多，因此他们的经营压力并不大。这类珠宝店的投资经营难度不是很大，只要能赚些利息或是他们自己的工资也就足够了。说实话中国珠宝界的夫妻店不仅生存能力强，而且竞争对手通常也不太关注他们，他们真的是行业中打不死的"小强"。

一、中国珠宝夫妻店所面临的消费者

在县城和镇一级市场中夫妻店是最多的，一般一个镇就会有几家，如果是县里就更多了，他们主要的服务对象是市场中的低端消费者。这样的珠宝店一般以黄金类首饰为主，同时配上一些低端的珠宝，钻饰一般不超过一克拉，多数最贵的钻饰也就是50～60分的钻饰，再加上一些玉器、银饰和其他首饰，就组成了一个标准的夫妻店。其实中国有很多钱不多的低端珠宝消费者，他们根本不敢进大型的品牌珠宝店,一来这些大型的品牌珠宝店装修豪华给人以价格虚高的印象,二来这些店基本上不可以随便讲价,让消费者们没办法体验购买珠宝时讨价还价的快感。大多数的中低端珠宝消费者进品牌珠宝店时都有一种压迫感和自卑感,真的很难放松下来去大大方方地消费,总有一种珠宝很贵的感觉。我曾多次仔细考察过夫妻店的钻饰,他们的加价一点也不低,有些还是3倍以上的加价率,好像就是等着消费者来讲价似的,同时卖的也是不怎么抢手的低端货,作为行业人根本就看不上的货。其实这些行业人看不上的货进价非常便宜,而且货源十分充足,只是有时钻石真的小得可怜。不过同这些夫妻店经营者交流得知,真的有很多低端的消费者也就想买一些便宜的钻饰,他们的钱不多但是依然有自己的钻石梦,这种客观的消费现实或将成为一个合成钻石入场的良机。

二、中国珠宝夫妻店所面临的行业竞争

现在是中国珠宝零售终端严重过剩的时代,全国千店级的珠宝连锁品牌有十多家,百店级的珠宝连锁品牌有几十家,从一线城市到四五线城市,到处都是各式各样的珠宝品牌店,当然也有大量的夫妻店。中国之所以有这些么多的珠宝夫妻店,其实也是无奈之举,一来是全国就没有几

钻石玫瑰系列产品
图片来源 正元韩尚

家真正意义上的珠宝连锁品牌，大多数的珠宝连锁品牌不过是靠一个牌子，请个代言人，打点广告和配些货就行了，根本没有什么专业的连锁运营、连锁培训和连锁管理服务，至于品牌营销和其他服务就更是想都不用想了，基本全是靠加盟商自己去解决，因此很多本地的珠宝投资者无意去加盟。就算加盟了，且把这个珠宝品牌店做好了，也会迎来品牌主不断提高"剥削"加盟商的标准，加盟商只能不断忍让。客观地说中国的珠宝连锁加盟都是初级的连锁加盟，根本不是专业的连锁加盟，因此品牌珠宝店和夫妻店的实际竞争能力差距并不大。只是现在消费者在买钻饰时，大多会选全国性的品牌，因为全国性的品牌给消费者的感觉更加高大上，所以珠宝夫妻店亟需在钻饰上破局。现在中国珠宝夫妻店所面临的竞争主要是品牌之争，随着消费者向越来越认品牌的趋势演变，珠宝夫妻店更多地只能靠价格取胜，由于渠道血战的不断深化，夫妻店的竞争压力会越来越大，曾经赖以生存的价格战也将不复适用。

三、合成钻石与珠宝夫妻店的合作基础

合成钻石有一个属性，那就是因为价格便宜而适合喜欢便宜钻饰的人。同时合成钻石也有一个弱点，那就是很多做天然钻石的品牌珠宝商

钻石玫瑰系列产品
图片来源 正元韩尚

不敢销售合成钻石，怕消费者认为他们卖的是假钻石。而珠宝夫妻店面对的大多数消费者都是喜欢便宜钻饰的人，同时对珠宝夫妻店来说反正卖天然钻石也卖不过品牌珠宝店，因此也存在剑走偏锋的需要。当然中国合成钻石消费大潮尚未到来，所有革命先驱都存在着一定的风险，但如果能率先布局珠宝夫妻店，未来的收获也将是巨大的。想到这些我突然感觉合成钻石和珠宝夫妻店还真有合作的基础，一方面合成钻石可以通过珠宝夫妻店"教育"低端消费者，为合成钻石的最终起义成功奠定坚实的群众基础。另一方面夫妻店也可以通过合成钻石打击品牌珠宝店，反正如此大的价格差距，夫妻店完全可以抢到一些品牌珠宝店的钻饰生意。其实合成钻石和天然钻石真的没有什么区别，甚至合成钻石的硬度和净度还要更好一些。中国底层珠宝消费者的需求与合成钻石存在着相契合的地方，同时这类消费者的教育成本真的很低，大多数的低端珠宝消费者都是善良纯朴的，相对来说更容易相信夫妻店的推介，而不像越来越聪明且难"伺候"的中层珠宝消费者，斤斤计较，也更难相信别人。

四、珠宝夫妻店的合成钻石发展展望

在未来中国珠宝首饰行业将进行的渠道大战中，我相信最终能赢得胜利还真有可能是大量

粉色钻石

的珠宝夫妻店，一来这些珠宝店的单兵缠斗能力强，二来这些珠宝店只需很少的利润就可以活下来，这两点真的很有可能使珠宝夫妻店笑到最后。渠道大战是十分残酷的，任何高成本的品牌珠宝店在吃不饱的情况下都会先出局，而就算最终惨胜，实力也会大不如前。如果本来就生存能力强的珠宝夫妻店，再拥有了合成钻石这种新武器加持，我相信珠宝夫妻店的未来一定会更好。全国现在有两万多家珠宝夫妻店，如果有两千家店都铺上了某个合成钻石品牌的货，那么这个合成钻石珠宝品牌立即就有两千家店，就算每家放置一节柜台，那这将是中国国内最大的产品植入。如果是在多年前这种方案或许没有办法实施，但现在中国拥有世界最强大的物流体系，别说到县一级市场，就是到乡一级都不存在配货难的问题。试想如果全国的农民都能接受合成钻石，相信所有的合成钻石经营者做梦都会笑醒。我们现在还不能准确预知珠宝夫妻店的合成钻石发展前景如何，但我们可以预知大量的低端消费者，一定会很容易接受合成钻石这种物美价廉的人工真钻。也许在不久的将来，中国的合成钻石事业就真的通过夫妻店而走向成功，我们期待着这一天早日到来。中国20世纪90年代珠宝首饰行业崛起的时候，珠宝夫妻店就曾经作为基层主力

1.26克拉高品质粉钻（VS1 净度）
图片来源　湖州中芯半导体科技有限公司

拿下最低端的珠宝市场，满足广大城镇消费者的珠宝首饰消费欲望，他们的历史地位不可小觑，同时他们也是最懂普通消费者的人。假如有一天，他们的店里引入最新、最潮、最高端且价格最实惠的合成钻石产品，对他们的客户来说未尝不是一个盛大的惊喜。

1496~1886

中国钻石革命

第五章 天然钻石垄断世界
下的革命者

合成钻石将颠覆世界钻石的奇葩说　　　150

戴比尔斯对合成钻石可能的对策　　　156

未来中国合成钻石革命的畅想　　　169

中国钻石革命后的新"饰界"　　　179

第一节 合成钻石将颠覆世界钻石的奇葩说

人们总是喜欢听阴谋论，因为阴谋论非常符合人们的猎奇和窥密心理，但很多阴谋论往往都有夸大其词的成分。在天然钻石领域，最大的阴谋论就是戴比尔斯以匪夷所思的手段控制着天然钻石行业，说什么戴比尔斯通过全球性的钻石垄断来获得暴利，把戴比尔斯描述成了十恶不赦的国际寡头。其次还有大量的人炒作天然钻石是营销骗局，说什么天然钻石就是通过广告营销炒作而成的，好像天然钻石骗了全世界消费者多少钱似的，这种断章取义的不负责任言论对合成钻石的销售百害而无一利。最后就是拿戴比尔斯拥有全球最先进合成钻石生产技术的这点事大做文章，戴比尔斯在70年前就开始研究合成钻石，这在"有心人"看来戴比尔斯似乎可以像上帝一样掌握合成钻石。以上这些其实都是钻石行业的阴

PRODUCTION BY COUNTRY

全球主要矿业公司 2017-2018 年的原石销售
数据来源 戴比尔斯《2019 年钻石行业洞察报告》

谋论，无论是赞扬戴比尔斯也好，还是贬低戴比尔斯也罢，戴比尔斯都不会受到什么大的影响，这些信息不过是媒体蓄意炒作下的饭后谈资，或是用来碰瓷戴比尔斯的无聊之言。戴比尔斯虽然是世界级的天然钻石巨头，但他的本质不过仍是一家企业，虽然这个企业着实大了一些，但只要是企业都是以赚取利润为生存目的的。戴比尔斯的初衷就是盈利，现在仍旧致力于通过天然钻石获利，他们绝不是要以此建国或成立政党，更不是为了什么革命理想。如果是以赚钱为目的的企业，他们的所有行为都是围绕着商业利益进行的，只不过是手段有高有低罢了，根本谈不上什么阴谋，企业赚钱是真正意义上的阳谋。

一、天然钻石被垄断并非阴谋而是阳谋

戴比尔斯通过垄断在钻石行业谋利是不争的事实，但这不是什么阴谋。通过 130 年的戴比尔斯发展史，我们可以看到戴比尔斯是一个真正意义上的钻石龙头企业，或是进一步称为天然钻石领域神一样的企业。他们通过一系列的商业手段或是其他手段，曾经长期垄断着整个天然钻石行业。作为行业的开创者和先行者，戴比尔斯获得了垄断利益是合情合理的，这是对任何行业先行者的鼓励与回报。如果没有戴比尔斯的不断努力，世界天然钻石行业不可能有如此迅猛的发展，我们不能只看到他们的成果就妒忌，我们还需客观

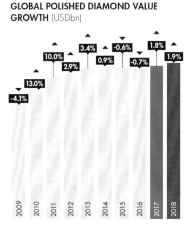

GLOBAL POLISHED DIAMOND VALUE GROWTH (USDbn)

2009-2018 年全球成品钻价值变化图
数据来源 戴比尔斯《2019 年钻石行业洞察报告》

151

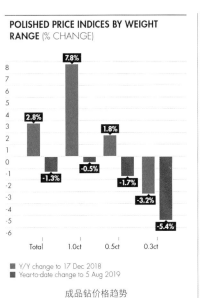

POLISHED PRICE INDICES BY WEIGHT RANGE (% CHANGE)

成品钻价格趋势

数据来源：戴比尔斯《2019 年钻石行业洞察报告》

地评价他们为获利而实施的一切手段。对于戴比尔斯上百年来的行业垄断，我作为一个业者是十分羡慕的，因为在全球范围内去垄断一个行业简直太难了。我个人认为只要不违反法律和道德，企业能建立起跨国的垄断其实是件非常了不起的事，因为达到这种水平的企业在全世界范围来看都不会有多少家。因此我通过研究整个戴比尔斯的发展史可以很负责地说，戴比尔斯通过垄断在天然钻石行业获利，这一切都是阳谋，绝对不是什么阴谋，因为阴谋的初衷是做一件违反法律或是道德的事，而通过天然钻石的垄断获得举世瞩目的利润并不是什么违反法律和道德的事。

二、天然钻石是商业奇迹不是营销骗局

在网络上我们经常会看到一些人把天然钻石的成功，说成是通过对爱情的捆绑，让这个并不具备什么实际价值的产品，摇身一变成了一个十分高大上的旷世珍品，这虽然是事实，但并不是什么所谓的骗局。任何骗局都一定要有受害者，买贵了就说自己是受害者，这其实是一种弱者思维。在这个世界上暴利的产品实在太多了，所有的奢侈品的定价都是远远高过实际价值的，但你能说所有的奢侈品都是骗局吗？天然钻石与爱情捆绑绝对是一个商业上的奇迹，试问那些用钻戒向女孩求婚成功的男人们，会真的在意钻戒的贵贱吗？他们在意的是能不能成功求婚，无论是鲜花还是钻石都不过是传递爱的工具。这个世界上暴利的产品实在太多了，我们没有必要去声讨那些暴利的产品如何暴利，因为他们只要不是强制让你购买，那么一切都是公平的交易。作为一个行业人，我真心佩服戴比尔斯的营销手法，只有一个伟大的企业才会获得如此伟大的商业成功，成功的营销需要的是天才级的策略和占据得天独厚资源的企业。试问现在的翡翠行业如何？试问现在的彩宝行业如何？试问中国的黄金和白银行业如何？世界上只有天然钻石可以横行世界，而且还是通过暴利的形式横行世界。钻戒现在基本是全球结婚市场的刚需，试问全世界还有什么产品能做到这一点？这些成果的取得不正是戴比尔斯天才级的营销所带来的效应吗？我们可以反思一下，如果没有戴比尔斯对天然钻石的推广，会有整个天然钻石行业在世界范围的成功吗？且看一下全球钻石产量的发展变化就可以想象，戴比尔斯凭借一己之力为这个世界创造了多少财富。作为合成钻石经营者，你可以说天然钻石卖贵了，绝对不能说天然钻石在骗钱，这是最起码的良知。

三、合成钻石虽无法垄断但也有门槛

有人说戴比尔斯在合成钻石领域研究了70年，所有的先进技术都在戴比尔斯手中，一旦有

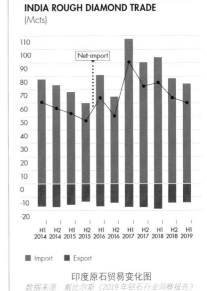

INDIA ROUGH DIAMOND TRADE
(Mcts)

印度原石贸易变化图
数据来源 戴比尔斯《2019 年钻石行业洞察报告》

人把宝石级合成钻石领域做起来了，戴比尔斯就会通过技术优势来抢夺一切成果。这句话听起来好吓人，感觉这是一个天大的阴谋。技术上的垄断有时是非常可怕的，比如一些特殊药品，技术落后的国家必然要付出高昂的代价，但合成钻石的技术始终是无法被垄断的。任何对人类有益的技术发展都是挡不住的，不过是获得技术的时间早晚问题。如果中国把四大发明都申请专利，并且全世界人们都能认真地交专利费的话，那么我们中国人都不用干活了，每年等着分钱就好了。由于合成钻石是一种国家战略性资源，在各大高新技术领域占据着重要地位，因此这项技术不可能被垄断，任何负责任的国家都会鼓励去打破这种技术垄断。综上所述，个人认为戴比尔斯的合成钻石技术先发优势并没有什么大的作用，只要有巨额的利润很快就会迎来大量的投资，正如马克思在《资本论》中引用了英国经济学家托·约·登宁所说："有50％的利润，资本就铤而走险；为了100％的利润，资本就敢践踏一切人间法律；有300％的利润，资本就敢犯任何罪行，甚至冒绞首的危险。"合成钻石的世界级市场一旦形成，合成钻石的生产技术必然会得到史无前例的发展，戴比尔斯所有的合成钻石技术储备，在这个时代的大背景下都发挥不了什么真正的作用。在宝石

我从事这项业务已经有很多年了，但我从未见到过如此新颖、新鲜的类别。珠宝业务是可以预测的，但这（培育钻石）是不可预测的。
——*Richline 产品开发高级副总裁 Michael Milgrom*

首饰领域，合成钻石拼的是品牌、设计和概念，其成本反而退居到最后，反正未来合成钻石与天然钻石相比将拥有高达 10 倍的成本差距，再便宜 10% 又有何意义，何况即使戴比尔斯有所谓的 10% 合成钻石技术差距，那又能怎么样呢？其他生产商就不生产合成钻石了吗？技术往往有后发优势的特点，后发企业往往更能占大便宜。且戴比尔斯在几十年的研究中已经付出了巨额的成本，如果有一天戴比尔斯可以通过合成钻石的获利最终获得了因合成钻石研发而付出的成本，我想他做梦都会笑醒了。

自从戴比尔斯高调宣布进入合成钻石领域以来，尤其是在其推出合成钻石品牌 Lightbox 之后，我们就应该明白，戴比尔斯是真正懂得紧跟世界科技发展脚步和市场发展趋势的智者。他们并不是要用新的业务取代旧的业务，他们只是想要把握住新兴的业务。他们只想创造新市场，而不是取代旧市场。同理，合成钻石的出现也并不是要取代天然钻石，相反，合成钻石的出现，将更好地为广大消费者服务，更好地为广大珠宝设计师服务，为保护地球和世界的可持续性发展做出贡献，注定将开启世界钻石行业一段全新的旅程。

戴比尔斯宣布推出合成钻石品牌 Lightbox

第二节 戴比尔斯对合成钻石可能的对策

当我和一位同行大谈合成钻石的发展时，那位同行问我是否担心自己未来从事合成钻石事业时，会受到戴比尔斯无情的打击，我对他的回答是："你真的多虑了，一来我真的渺小到他们根本都无视我的存在；二来如果我们真的把合成钻石事业做好了，他们会是最大的受益者。"进而我告诉他："我永远不会是戴比尔斯的打击对象。"面对同行的担心我解释了很多，不过这件事也让我认真思考起来，作为一家总部在英国的跨国巨头戴比尔斯对合成钻石的可能态度和相应战略。戴比尔斯是一个伟大的公司，没有戴比尔斯或许就没有天然钻石行业的今天，也就更谈不上什么合成钻石了。戴比尔斯自1888年成立至今，已发展了130多年，一直牢牢控制着世界的天然钻石产业。别看中国有这么多的珠宝品牌，估计除了周大福因为渠道数量的规模和整体的钻石

戴比尔斯将其钻石分级服务推广到美国

销售能力，能稍微让戴比尔斯给点面子外，中国或许再也没有第二家珠宝品牌或企业可以真正走近戴比尔斯。听说现在戴比尔斯在全球钻石市场的占比仅达40%，不过由于上百年的产业布局和犹太人的经商天赋，仅仅40%的份额也足以让戴比尔斯称霸世界。虽然网络上经常出现一些揭露天然钻石是营销骗局的偏激言论，但我想没有什么事可以撼动戴比尔斯未来相当长一段时间内在全球钻石领域的地位，哪怕是有国家力量支持的企业也很难做到。

　　虽然我们中国人消费了很多天然钻石，但我们仍然没有丝毫的话语权。不管是我们中国消费者还是全世界的消费者，都不应该那么"玻璃心"，能把一个并不值钱的石头推广得那么好，并且成为一个世界范围内都畅销的产品，我们不得不佩服戴比尔斯的商业运作能力，也不得不佩服犹太人在商业上的天赋。试问有哪些成功的品牌没有在广告上善意地"忽悠"过消费者，试问有哪个行业取得过像天然钻石行业这样的巨大成功？我们不能"吃饱饭骂娘"，无论是"血钻"之说还是开采对自然环境的破坏，都抹杀不了钻石行业为世人提供了一种别样消费品的事实。其实在合成钻石领域，戴比尔斯才是投入最大的资方，据说戴比尔斯在合成钻石领域已投资了70多年，他们掌握着所有合成钻石生产领域的先进技术。我

开采天然钻石
图片来源　英国元素六公司

157

们中国人只是在合成钻石的产量上显得较为可观，但在科研水平上我们或许远不如戴比尔斯。

一、戴比尔斯推出合成钻石品牌 Lightbox

在2018年，戴比尔斯推出了一个合成钻石品牌Lightbox，其推出的合成钻石产品价格仅为天然钻石的十分之一，一克拉钻石只卖800美元。一石惊起千层浪，很多媒体翻出天然碎钻并不稀缺，地球上已知的钻石储量足够六十亿人人均分到20克拉的事实，把天然钻石描述成了20世纪乃至21世纪最大的营销骗局。他们认为戴比尔斯将钻石与爱情捆绑这样的营销手法，尤其是20世纪40年代的"钻石恒久远，一颗永流传"广告，以及其在全球花巨额广告费营销的"男人在结婚前必须为女人购买订婚钻戒"这一价值观，简直应该被定义为罪恶。其实这是不公平且毫无意义的，从犹太人的角度来说，他们不管赚谁的钱都不会觉得是罪恶，相反他们认为这是上帝赐予他们的能力，所以自然能心安理得地接受。同时通过戴比尔斯推出合成钻石品牌Lightbox这一举措，我们就更可以看出戴比尔斯真的只是把钻石当成一种生意在经营。无论是天然钻石，还是合成钻石，戴比尔斯都像一个高明的棋手，落子精准，时机刚好。通过戴比尔斯在合成钻石领域70多年的研究，他们比任何人都了解合成钻石的未来，他们通过合成钻石品牌Lightbox，既保护了

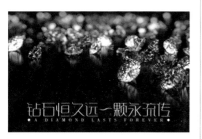

戴比尔斯广告

其在天然钻石领域的利益，又在合成钻石领域完成了卡位，把合成钻石打压成一个介于饰品和珠宝之间的新品类。作为一位普通珠宝人，在合成钻石大潮来临时，忘记戴比尔斯对天然钻石产业的贡献意味着没有良心，仍期待戴比尔斯带领天然钻石产业独霸天下意味着没有智商！

戴比尔斯这步棋太漂亮了，可以说给所有布局合成钻石领域的新势力以沉重打击，同时更保证了未来在合成钻石兴起后的锚定位置。戴比尔斯以天然钻石十分之一的价格卡位合成钻石，一定是经过非常精明的计算，出手够狠够绝，至少会再保护天然钻石，尤其是克拉级天然钻石 3～5 年的红利期。戴比尔斯的一切举措都不是阴谋，而是顶级水平的阳谋。如果按照戴比尔斯设想的发展线路图，戴比尔斯将利用合成钻石短暂的迷茫期快速清理低端天然钻石。然后进一步通过打击合成钻石和不断维持甚至抬高克拉级以上天然钻石的价格，最终获得天然钻石和合成钻石两个领域最大的收益。未来 3～5 年内，我个人估计 30 分以下的低端天然钻石市场必将被合成钻石攻陷，但这其实也是戴比尔斯主动放弃的烂肉。不仅如此，由于合成钻石在低端钻石领域的血战，合成钻石将丧失最宝贵的战机，最终因过长时间的消耗而无力进攻高端的天然钻石市场。即便真的看懂又如何？在戴比尔斯巨大的财力和合成钻

戴比尔斯 Lightbox 合成钻石价格

石技术储备面前，在戴比尔斯高瞻远瞩的策略面前，我突然之间很绝望，好像我们陷入到了一场无法取胜的战争之中。

二、中国是戴比尔斯一切策略的最大变数

到底有没有什么变数，还有什么戴比尔斯忽视的制高点可以利用，在我推演合成钻石未来发展的棋局后，我突然明白这场战役中最大的变数就是中国人、婚庆市场和半导体革命。首先，我们中国人绝对不是按套路出牌的棋手，我们中国人绝不可能按戴比尔斯的套路去走。世界上最适合经商的人或许是犹太人，但中国人也是世界上最聪明的民族之一，因为中国人最懂得灵活变通。合成钻石的中国特色发展之路虽然还没有出现，但我想聪明智慧的中国人一定会不走寻常路。合成钻石的中国之路必然不会只是商业力量去起决定性作用，如果全体中国人都加入到这场战斗中，那么中国的合成钻石完全可以席卷全球。其次，我认为婚庆市场也有可能是一个重要的突破点，因为天然钻石不断强化婚钻必须是天然的，这或许正是他们的软肋所在。婚庆钻戒是市场的主流需求，是刚需，如果能用合成钻石突破这个领域，那么合成钻石就将全面战胜天然钻石。即便天然钻石一直喊着"天然的好"，如果钻石只是结婚的一个道具，谁说一定要是天然的呢？想到这些我都觉得好笑，天然钻石又想骗

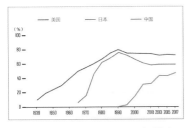

各国新娘收到钻石戒指人数占结婚数比
数据来源：De Beers Group-commissioned consumer research

我，我要有机会一定会试试用合成钻石攻打婚钻市场，万一成功了呢？婚钻或许是合成钻石生命进程中的"猎杀对象"。最后，我想说的是合成钻石在半导体领域或许会有想象不到的大作为，如果合成钻石真的在卫星天线和手机及电脑等电子产品中获得突破性发展，那么合成钻石产业必将得到海量资本的青睐，届时合成钻石的价格定将低到人们连开采天然钻石的兴趣都没有了，那就真的把天然钻石的钻矿逼到停产了。那么什么价位是天然钻石受到严重威胁的临界点呢？那就是10%这个节点，如果合成钻石的价格只有天然钻石价格的10%，也就是戴比尔斯第一次出手的拦截线，如果这道防线真的破了，即所有的合成钻石都能以同等级别天然钻石10%的价格出售，合成钻石将获得全面的发展机会，因为10%的价格基本可以让消费者再也不用心痛买钻的钱了，天然钻石回购的损失都不知有多少个10%。天然钻石回购服务的损失或许就是合成钻石的成本，天然钻石一旦被合成钻石破坏能保值的这件"皇帝新装"，天然钻石从此就会跌下神坛。

三、戴比尔斯仍将长期影响世界合成钻石发展

在2018年5月底，戴比尔斯宣布推出了他们的实验室培育钻石珠宝品牌Lightbox，有报道说这是他们通过最古老的方式与其他合成钻石公司在竞争。用推出新品牌的这种方式，来想方设法

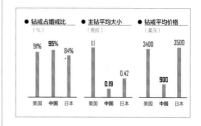

各国新娘钻戒大 PK

数据来源 De Beers Group-commissioned consumer research

地扰乱竞争对手们的经营发展节奏，这招看起来还是十分高明的。为什么戴比尔斯要这么做？其实一直以来戴比尔斯都将集团旗下英国元素六公司生产的合成钻石用于珠宝领域，这对钻石行业来说早就是一个极其敏感的话题。戴比尔斯公司曾计划在5年内，在美国波特兰市投资9400万美元建一座素六公司的合成钻石新工厂。通过这些举措，我们可以看到戴比尔斯有能力和有意愿去影响合成钻石的发展。戴比尔斯的核心业务是天然钻石，在他们面临核心业务受到威胁时，他们一向以大胆进取反击而著称。戴比尔斯财力雄厚，记得在2011年至2015年期间，戴比尔斯与法国酩悦·轩尼诗-路易·威登集团（英文全名Louis Vuitton Moët Hennessy,简称LVMH）合作的De Beers Diamond Jewellers品牌每年亏损超过3360万美元，累计亏损1.68亿美元。直到2016年这个品牌才彻底摆脱亏损，当年盈利了200万美元。即便在这种情况下，戴比尔斯仍从LVMH集团手中买回了LVMH集团占有的50％股权，进而完全控制了其零售业务，这些都表明戴比尔斯集团是有耐心也有决心的企业。

目前国内外大部分生产合成钻石的公司，并不是主要专注于珠宝领域的企业，更多的是以工业用途为主。不过少数专注于珠宝用途合成钻石生产的公司，可能需要开始重新关注戴比尔斯了。
为了防范合成钻石影响到天然钻石，在 2015 年戴
比尔斯联合其他 6 家世界级钻石公司成立钻石生产
商协会（DPA），并启动"真实是稀有的，真实是
钻石"推广项目，这与"钻石恒久远，一颗永流传"
的营销口号相比，新口号更加强调"真实的钻石"
的价值，这被市场普遍认为矛头直指"合成钻石"。
在推出自己合成钻石品牌和推动成立行业组织的
同时，戴比尔斯还积极开发合成钻石鉴定设备，如：
戴比尔斯生产的 DiamondSure、DiamondPlus，以
及 DiamondView、激光拉曼光谱仪、X 射线荧光能
谱仪等鉴定仪器。从深层次分析，戴比尔斯或许
还有着更大的野心：既然合成钻石市场的发展趋
势无法阻挡，游戏规则必须由我来主导和制定。

DiamondSure

合成钻石进入市场并最终完全取代天然钻石，
并非遥不可及，甚至会在十至二十年内发生。一
旦合成钻石大量销售以后，天然钻石的经营会更
加困难。戴比尔斯是一个不怯于挑战、不惧怕危
机的企业。19 世纪七八十年代时，当南非的金伯
利矿藏被发现后，钻石供应量一下子激增，面对
一度罕见稀缺的钻石可能会变成廉价的大宗商品
后，戴比尔斯的解决方案是建立一种垄断组织，
此后几乎控制了世界范围内的钻石供应。在合成
钻石获得明确的发展方向时，戴比尔斯会不会故

钻石生产商协会（DPA）的钻石推广活动

技重施来控制合成钻石行业，我们现在不得而知，我们所能知道的就是戴比尔斯仍将长期影响着我们的合成钻石发展。

四、合成钻石新巨头也许还是戴比尔斯

新近与业者沟通有关未来合成钻石行业领导者的问题，我反复强调领导者最终还可能是戴比尔斯时，导致很多业者，尤其是从事合成钻石生产领域的业者们十分不相信，他们认为我过于神话戴比尔斯的能力，而我却非常确信他们低估戴比尔斯的实力。我内心非常敬仰像戴比尔斯这样的行业巨头，是他们教会了我们每一个业者如何卖钻石，也是他们真正地推动了天然钻石行业发展，并且在合成钻石未来发展的道路上，我们不得不面对两个事实：一是戴比尔斯有足够的技术储备，他们随时可以投入巨额资金去推动和改变合成钻石行业的发展。我相信作为有着数十年控制天然钻石行业经验的戴比尔斯来说，他们远比我们更了解钻石，他们已经直接或间接控制着一些合成钻石生产研发企业，并且早就研发完成了所有合成钻石的生产技术和生产设备。说实话，现在任何企业只要拿出 1 亿美元，就基本可以获得全球所有成熟合成钻石的生产设备和技术，再耗些时间召集业界的相关科学家和院校，或是直接购买相关生产技术，估计不用一年的时间就可

以完成所有合成钻石生产领域的突破。对于戴比尔斯来说，1亿美元甚至100亿美元都算不了什么，之所以现在戴比尔斯引而未发其实是因为没到时候，一旦他们认为有必要或是时候到了，他们完全可以冲到一线收割现有合成钻石企业积累起来的一切。此外，戴比尔斯比这个世界任何一家合成钻石企业都更懂钻石，同时他们还拥有世界上最庞大和最强大的天然钻石行业资源。如果戴比尔斯认为自己手里的天然钻石出清得差不多了，他转身召集全球所有天然钻石经营者，然后以成本价或是更低的价格开始向全球海量供应合成钻石，试想全球哪家企业能敌？现在戴比尔斯之所以没有这么做，原因只有一个，那就是合成钻石行业还没有成熟，同时他们手里还有大量的天然钻石要出清。其实未来的10年间，大量的天然钻石矿真的会不可逆地大量停产，继续勉强开采的也会因为合成钻石会把天然钻石的价格打下去，天然钻石再开采已没有了什么现实收益。不能再获得持续暴利的行业，自然没有资本会愿意继续投入。资本是逐利的，资本是没有感情的，只有利之所向才有资本大量涌入。现在做合成钻石实际是在教育和培养市场，一旦合成钻石的市场形成，或是可以占到全球钻石总消费量的三分之一，我想类似戴比尔斯级的公司定然会直接或穿上不

蓝钻

同马甲出手，快速地利用资源优势和资本优势一统江湖。纵观目前全球所有合成钻石生产企业，真正既懂合成钻石生产技术，又有天然钻石行业资源的企业实在是少之又少。10年可谓弹指一挥间，我想我们这一代珠宝人都将有机会看到未来的10年，合成钻石的世界大战必将全面上演，而最后赢得终局胜利或许是新兴的跨行业玩家，或许就是现有扮演反派的戴比尔斯。

有句话说从上帝的视角看这个世界，同我们常人看到的世界是完全不一样的，其实如果从上帝的视角看戴比尔斯，或许他们对合成钻石的真实态度完全有可能颠覆我们所有行业人的认知。如果从一个较长的时间维度来看，我们可以有另外一种假设，那就是戴比尔斯正在不断地减持天然钻石，同时也在不断地布局合成钻石，不久的将来戴比尔斯的核心业务完全有可能转向合成钻石，当然这个时间节点可能在10年以后，或是更长的一段时间。为什么这么说？大家不要忘了曾经的戴比尔斯控制着天然钻石绝对的主导权，现在却一步一步把全球市场份额减少到了40%左右。当然我们可以说这是市场竞争越来越激烈的结果，但我想以戴比尔斯的财力和资源优势，完全可以控制更多的市场份额，从而更好地推动天然钻石的发展。不过这一切都没有发生，不管他们是否

天然钻石毛坯

换过大股东，总之如果把戴比尔斯当成天然钻石的"庄家"，现有的结果就是他们正在不断地减持天然钻石。不仅如此，从世界范围来看，戴比尔斯是全球在合成钻石研发领域投入最多的企业，同时整体研发的时间也是最长的，号称有70多年，现在更拥有世界较先进的合成钻石生产技术和测定技术。如果说戴比尔斯反对合成钻石，那他们为什么会花费如此巨大的资本和精力去研发合成钻石呢？更过分的是他们率先推动Lightbox这个实验室培育钻石品牌，再一次通过精准营销占据了消费者的心智。或许现在只是戴比尔斯在天然钻石领域最后的出货期，待到合成钻石市场真正的形成，他们必然会以合成钻石老大的姿态出现。我们不能听他们说什么，我们要看他们做什么。如果他们现在加大力度勘探矿山，或是巨资收购已开采的原石，或是他们全面收购尚未销售的优质钻石，这样才符合他们看涨天然钻石，看好天然钻石的逻辑，这样才是真正的守护天然钻石。现在戴比尔斯只是不断地用最低的成本来喊着支持天然钻石，然后拼命地不断减少在天然钻石领域的投资，并且不断地狂甩手里现有的存货，总之想方设法快速销售着手里的天然钻石，这完全是一种吃完要跑路的套路。不仅如此，以他们在合成钻石领域的投资规模和投资力度，以及恰到

天然钻石戒指

好处推出合成钻石品牌的卡位举措，都预示着他们下一个目标就是合成钻石。当天然钻石的老大戴比尔斯都转身做合成钻石了，真不知全世界那些习惯听大哥说什么而不冷静分析大哥真实想法的小弟们前路如何。

表 5-1 全世界 CVD 合成钻石生产商（2019 年）

国家	企业名	机器数量（台）
新加坡	IIa Technologies	248
英国	Element Six	250
美国	Prism	6
美国	Diamond Foundry	100
美国	Washington Diamonds	100
美国	Scio Diamond	10
美国	Chatham Created	10
美国	Green Rocks	9
以色列	Lusix/Landa Labs	18
日本	EDP	80
土耳其	Appsilon	2
中国	Shanghai Zhengshi	38
中国	Hangzhou Chaoran	20
中国	Zhengzhou ZZSM	14
中国	Ningbo Crysdiam	60
印度	New Diamond Era	350
印度	Altr	160
印度	Creative	80
印度	Diamond Planet	Under 10
印度	DM Gems	Under 10

（以上为不完全统计，排名不分先后）

第三节 未来中国合成钻石革命的畅想

世界有一条不成文的规律，那就是只要中国人开始认真生产，无论是什么产品都会大规模地降价，合成钻石领域估计也不会例外。其实中国从2002年起就已是合成钻石的生产大国，也可以说中国在合成钻石生产领域已连续17年成为世界冠军。只不过在中国做合成钻石和天然钻石是两个彼此分隔的人群和地域，中国合成钻石主要是聚集在河南，源于特殊的历史原因，中国主要的合成钻石生产商远离中国的传统珠宝圈深圳。不仅如此，合成钻石的生产商远离深圳就算了，他们还只关注国外市场和合成钻石生产领域，对传统的天然钻石经营没有涉足，这就带来了更大的业者隔阂。中国天然钻石的经营者主要在深圳集聚，由于怕业者彼此误会，他们不敢也没有意愿去接近合成钻石的生产商。在天然钻石的朋友圈

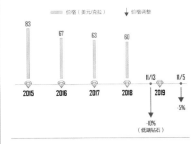

2015—2019 年戴比尔斯毛坯钻石价格调整
数据来源：Anglo American plc

中，大家由于各种原因，恨不得把合成钻石说成假钻石，谁也不可能主动放弃正处于所谓红利期的天然钻石。我个人从未认为天然钻石不好，更十分理解天然钻石的所有推动者，因为如果没有天然钻石和无数的天然钻石推动者，中国乃至世界都不会有这个如此强大的天然钻石市场，我们这一代珠宝人也不会因此而受益。

曾有行业资深人士同我说，戴比尔斯有着强大的合成钻石生产能力和由天然钻石积累起来的财力，它可以随时把合成钻石的价格做到更低，让所有合成钻石的经营者面临着收益的不断下降，一来让消费者没有信心，二来让经营者面临不断亏损的窘境，从而来保证天然钻石的价格和垄断地位。革命者去攻击一个强大的帝国是十分困难的，因为帝国的捍卫者有着革命者想都想不到的资源优势，而且革命者必然会受到一轮又一轮的残酷打击，但我认为合成钻石作为钻石领域的革命一定会胜利，尤其是中国的合成钻石革命者一定会胜利。

一、用环保理念占据道德消费制高点

世界发展的主流是环保，各行各业都必须越来越环保才符合世界的发展趋势，而合成钻石的制造过程相对天然钻石来说更为环保，这是由科技不断的发展所决定的。当然现在天然钻石可以

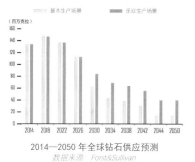

2014—2050 年全球钻石供应预测
数据来源 Forst&Sullivan

大言不惭宣传说自己在生产过程中的碳排放量更低，借此攻击合成钻石生产中的耗能。其实未来世界能源的问题将不再是问题，无论是核能还是其他的新型能源都会更快更好地替代传统能源，因此也可以说合成钻石生产耗能方面的劣势在时间的延长线上将越来越不是问题。而天然钻石的环保压力却很难突破，野外开采矿石不得不破坏环境，且很多环境的破坏是不可逆的。记得在国际培育钻石协会的年度报告中曾有：从地球上提取了2.63吨矿物废料选矿才能产生1克拉的钻石，同时用480升水才能提取和处理1克拉钻石，开采1克拉的天然钻石还会产生57 000克碳排放。我相信这些都是事实，国际培育钻石协会是在2016年成立的一个非营利性协会，这比看那些有背景的组织发表的报告要可靠的多了。而合成钻石生产基本不存在废料问题，同时一克拉合成钻石也就用70升水，而且也基本没有什么碳排放，因为用的都是电能。天然钻石采矿环节造成的水污染和其他污染会带来的环保压力，尤其是对落后地区的环境伤害更是难以补救。当然就算这些问题天然钻石多少可以解决掉一部分，但是天然钻石的海量资本投入、人工成本的居高不下都让天然钻石的生产成本不可能大幅下降，就算把垄断利润下调也无法长久地进行低价竞争。总而言之，无论

国际培育钻石协会（International Grown Diamond Association-IGDA）会员资格

从何种角度来看，天然钻石都会比合成钻石更环保，尤其随着时间推移两者的差距将越来越大。

二、合成钻石低价即为王道的人心正义

天然钻石也好，合成钻石也罢，相同品质的钻石在生产成本上，合成钻石具备着更大的优势，而且这种成本领先优势还将不断扩大。就算天然钻石给合成钻石扣上"假货"的帽子，在明眼人眼里只要足够便宜和好看，谁又会在意是不是天然的呢？何况一直都没有什么证据可以证明天然钻石哪里比合成钻石更好？钻石一直以来确实是奢侈品，并没有什么实际用途，只有象征意义，却卖出了"令人尖叫"的价格。这对商家甚至整个市场来说是极其有利的，我们也不得不佩服业者营销战果的辉煌与成功，但对于消费者来说如果有另外一种低价的选择，或许也是一件好事。其实天然钻石未来也会不断降价，因为在合成钻石的不断市场蚕食下，天然钻石必须不断吐出到嘴红利，除非你退出市场，否则一切都不可能就此结束。同样的东西，低价永远是王道，什么品牌、概念和套路在时间的延长线上，都很难保持长久不败的优势。其实就算是品牌也很难保持优势，不信我们可以看看所有常见的品牌，都在不断地通过降价来保持市场占有率。而且钻石真的没有什么品牌壁垒可言，很难说哪个品牌的钻石一定

钻石戒指

会好多少，所有的钻石都被 GIA 的 4C 分级标准化，只要是钻石，同品质的就应是同等价格。钻石的天然属性不会带来更多的价值，而合成钻石由于有着更广泛的应用前景，因此具有强大的降价能力。钻石的天然与否并不会给消费者带来更多的利益，而低价却可以实实在在地降低消费者的购买成本，同样的钱消费者可以获得曾经想都不敢想的消费体验，因此合成钻石必将带给消费者前所未有的吸引力。天然钻石的高价只能保持在高净高色的大克拉区域，未来 3 克拉以下的天然钻石市场，以及所有的彩钻市场都将迎来合成钻石的大肆入侵。总之不管用什么方法，天然钻石都阻挡不了合成钻石的发展脚步，因为低价即为王道，低价即为人心所向。

三、科技带来的无限发展潜力和优势

无论是 HPHT 技术还是 CVD 技术，都是合成钻石现在不断完善和进步中的技术，可以说随着时间的改变这两种技术在生产合成钻石的品质和成本优势方面都会有着巨大的提升可能，因为技术的进步谁也阻挡不了。天然钻石的开采成本基本是恒定的，作为天然钻石的开采受制于诸多条件的限制，尤其是它的开采技术是一个相对已经十分成熟的技术，在技术进步方面的空间十分有限。而合成钻石则不需要受制于天然钻石的诸多限制

CVD 钻石为无人机充电

条件，在完善生产配方和耗能上有着很大的提升空间，同时由于合成钻石可以做到按需生产，且由人工参与的工作量也越来越少，因此合成钻石的生产在理论上是可以得到快速且无限的扩张，这样的大规模制造将获得极大的成本优势。合成钻石在生产中主要消耗的是电能，如果把合成钻石的生产放置在一个电能充裕的省份或地区，就完全可以做到合成钻石生产成本的大幅降低。随着合成钻石在工业和军事及其他领域的广泛应用，未来合成钻石的规模化生产一定会得到空前的发展，届时合成钻石的成品质量和成本对比天然钻石来说会更有竞争力。科技不能说潜力无穷，但在未来的 3～5 年间，合成钻石的生产成本一定会降到同质量天然钻石的 10%，同时大批高净高色的合成钻石定会被海量生产出来，尤其是大分数的合成钻石和彩色合成钻石的生产技术也将得到突破，那么合成钻石或许会获得全方位的综合竞争优势。与合成钻石对抗意味着与科技对抗，科技的进步完全可以碾压传统技术，因此在科技方面合成钻石获得的优势将会越来越大，并且整个进程都是不可逆的。

四、资本推动下的跨界整合和产业集群

天然钻石的开采属于传统产业，由于生产成本的相对恒定，因此天然钻石开采的利润相对难

CVD 合成钻石生产过程

以提升，同时总量的增长更是相对乏力。对于传统产业，因为没有高收益资本自然无意涉足，但合成钻石却可以归属于高科技行业，有着可观的投资回报，届时或许可以兴起一次较大的投资风潮，比如：合成钻石的彩钻，完全可以通过技术的改革和大规模的生产颠覆整个宝石市场，把天然彩钻做不到的市场做大、做强，从而可获得惊人的暴利。当然如果合成钻石的成本降到天然钻石的十分之一或是更低，则合成钻石可以跨界打击以莫桑石和锆石为主的仿钻市场，甚至是跨界出击到饰品市场之中，而不是仅仅在珠宝界称王。源于合成钻石可以标准化生产，未来在资本的推动下，合成钻石的产品溯源和大数据等都可以率先应用，从而让合成钻石在未来获得更多的综合优势。一个需要大量科技和资本注入的合成钻石行业，一个有着无限应用前景的合成钻石行业，一个有着非常大附加值和投资回报的合成钻石行业，未来在资本的推动下，必将跨界进入饰品行业、半导体行业和其他行业，这种前所未有的跨界整合能力完全可以形成跨界优势，从而真正奠定合成钻石的跨界之王地位。

　　未来的十年之内，每年合成钻石产业中的产量增长都将达到15%～20%，尤其是1克拉以上的优质切工白钻，将得到极大的市场追捧，这些

Diamond Foundry 全球布局

175

意味着什么？意味将会有大量的资本要进入这个有稳定增长预期的行业。记得有位俄罗斯非常权威的同行问我："现在河南华晶的合成钻石投资规模怎么样，大不大？"我笑着回答他说："还行。"他不可思议地看着我，但我真的没办法回答他为什么。因为当合成钻石真的形成一个长期持续增长的趋势，进入这个领域将是我们传统的珠宝首饰行业巨头，如果有10家中国珠宝首饰行业巨头每家拿出100亿元，则将立即有1000亿元的资本进入这个行业从事合成钻石的生产、批发和零售。如果再有类似阿里、小米、腾讯和华为这种级别的跨行业巨头进入合成钻石这个产业，尤其是他们在大数据、网购、智能控制、智能制造领域的优势，完全可以立即深度改变这个行业。俄罗斯现在经济不好，所以他们很难想象我们中国人多有钱，当合成钻石技术有所突破且市场真正形成时，科技巨头们投1000亿元加入我们这个行业又算得了什么。想想如果有2000亿元进入合成钻石领域，中国定将形成世界级的产业集群，将有万亩以上的产业基地，10万台HPHT和CVD钻石生产机器，1000台世界顶级的水激光切割机，再加上1000名世界最顶尖的合成钻石科学家，中国定将成为世界合成钻石真正的强国。到时中国的合成钻石不光能作为首饰走向全世界，中国还将

钻石切磨

会向全世界提供散热最好的钻石手机、最精密的钻石手术刀、最强大的钻石激光武器，世界各国的卫星和空间站都将用上我们的合成钻石。其实都远不用10万台合成钻石生产机器，当全世界有1万台高品质的钻石生产机器，通过人工智能组网生产时，中国的合成钻石革命早就成功了。

合成钻石"手术刀"

五、中国珠宝走向世界市场的终极武器

中国是世界上第二大的钻石消费国，随着中国经济的发展以及庞大的人口基数的支撑，未来中国很有可能成为世界上最大的钻石消费国。现在美国人已开始全面消费合成钻石了，其中相当一部分的合成钻石还是从中国进口过去的，这让我们看到了中国珠宝走向世界的契机。我们用排除法算一下中国珠宝各品类的国际化前景，首先中国的黄金首饰是不可能走向世界的，唯一的可能是在大中华区销售，即使走到国外也只能卖给华侨，就连和我们中国人一样深深热爱黄金的印度人和中东人都不会消费我们的黄金首饰。其次说中国翡翠和其他玉石，差不多也和黄金一样，即使有些镶嵌的玉石类首饰能够在西方占有一定的小众市场份额，但也仍然改变不了此类产品走不出中国的现实。再者说银饰，虽然中国曾是世界上最大的银本位国家，白银在中国有着强大的文化基础，但中国的银饰也基本入不了西方消费

合成钻石产品

者的法眼。K金、彩宝和天然钻石就更不是中国的强项，我们一直都与国外强势珠宝品牌存在着极大的差距，在中国所有一二级城市的高端商场中，我们中国的K金、彩宝和天然钻石都在勉强地活着，在各大商场中的营商位置完全无法与国际强势品牌相比。唯有合成钻石，我们似乎可以赢在起跑线上，因为中国已连续17年占据世界上最大的合成钻石生产国地位。未来如果我们再全面突破机器磨石技术，那么我们原先落后的钻石磨石环节就不再是问题，届时中国在合成钻石毛坯生产、裸钻加工和成品镶嵌上都会有着极大的优势，这样中国合成钻石全产业链优势就完全可能成就几家中国合成钻石品牌。也许有一天中国人在珠宝首饰的细分领域可能走出中国，走向全世界，但我们仍然认为中国在合成钻石有全产业链综合优势，很负责地说合成钻石将是我们中国珠宝首饰行业最有可能突破国界限制的新品类。

第四节 中国钻石革命后的新"饰界"

在中国的合成钻石尚未正式兴起之际，我们讨论中国的钻石革命，很多人会觉得可笑。同时也源于天然钻石业者的惯性思维，我们中国的业者会觉得挑战国际珠宝品牌或走出国门都比较难，但我个人认为合成钻石这种介于珠宝和饰品之间的特殊产品，完全可以使中国人真正在世界珠宝市场来一次完美的弯道超车。这是因为在合成钻石的生产领域，中国有着17年累积起来的优势，因为中国已成为世界第二大的珠宝消费市场，这些因素完全可以让中国人获得一次完美的华丽转身。我们或许暂时还无法见到合成钻石如日中天的景象，但我们完全可以畅想一下合成钻石的未来。

1.18克拉高品质粉钻（SI1净度）
图片来源：湖州中芯半导体科技有限公司

一、合成钻石市场的规模将得到空前提高

有人说天然钻石的市场规模就是合成钻石的规模，我个人认为这样太小看了合成钻石，甚至

彩色钻石

搜索热点　　　　　　　　　换一换

▮ 1470瓶白酒全喝光 ▮ 663万

▢ 中科院种出了钻石 524万 ↑

▢ 蔷柳的点评 491万

▢ 范冰冰被曝欠6亿 444万

▢ 年薪最高50万 393万

▢ 德云社演员追赶 355万

▢ 高云翔案控曝光 ▮ 310万

▢ 贵阳工地疑似坍塌 298万 ↑

▢ 0.683秒魔方纪录 ▮ 246万

▢ 北京悬西摄前供暖 236万 ↑

▢ 洗劫低面2800万利 ▮ 232万

▢ 埃文斯去世 212万

▢ 李沁金鹤奖 ▮ 212万

▢ 醉驾撞老人瘫29脚 202万 ↑

▢ 西华大学食堂着火 193万 ↑

查看更多>>

中国合成钻石新闻登上微博热搜

我认为所有仿钻市场都会因为合成钻石而进行一次重构，比如锆石和莫桑石等。如果合成钻石的价格真的可以达到天然钻石的十分之一，那么估计绝大多数的锆石和莫桑就没有了发展空间。合成钻石的成本优势将碾压所有天然钻石的仿品，合成钻石绝对是这类产品的真正终结者。如果说合成钻石只会冲击天然钻石和仿钻市场那就大错特错了，由于合成钻石可以拥有各种不同的颜色，而且还是品质不错的颜色，因此合成钻石也会成功抢到一些彩色宝石的市场，毕竟彩宝仅仅是因为绚丽的颜色就让人们喜爱不已，有了各种颜色的合成钻石定将会迎来"开挂"的人生。以上的分析仅仅是针对合成钻石在珠宝类产品中的独特竞争优势，如果再把合成钻石看成饰品，那么这个市场就更大了。我个人的分析或许有些乐观，但我想在未来的十至二十年之间，合成钻石的市场规模仅在珠宝和饰品领域就将达到现在天然钻石市场规模的数倍。如果再加上工业上的应用，合成钻石或将成为世界上市场规模最大的合成宝石。

二、行业最新的造富运动正全面袭来

回首整个中国珠宝首饰行业，很多人做黄金赚了，卖翡翠玉石赚了，就连卖银的都曾经大赚过，何况天然钻石早已经把很多的从业者推向了人生巅峰，让难以计数的人成为百万富翁、千万富翁、亿万富翁。然而这些都将成为过去，随着各类产品在已知珠宝领域中的不断过剩，在相对饱和的中国珠宝首饰行业，合成钻石或将掀起绝对大型的造富运动。我们都知道珠宝正在不断地向着时尚领域发展，而合成钻石简直就是时尚领域的黑马，其实现在合成钻石这匹黑马还没有真正跑起来，就已经让天然钻石的骑手们惊恐万分。合成钻石在未来的三五年内一定会成为新的风口，这不仅是由于现在各类珠宝产品的相对过剩，更是由于合成钻石的低成本可以让设计师随心所欲地发挥创作热情，这一切都十分符合历史的发展规律。当可以无限量生产的合成钻石真正飞奔时，不仅是珠宝行业、饰品行业，甚至是半导体行业和其他工业领域，都将获得翻天覆地的发展。我可以负责任地说，合成钻石或将是珠宝首饰行业最后的造富神器，未来中国珠宝首饰行业的超级富豪一定会在合成钻石领域产生。

央视报道：实验室里"种"出钻石

三、中国合成钻石品牌的世界地位

中国是一个珠宝消费大国，但绝对不是一个珠宝消费强国，因为中国的珠宝品牌走向世界还没有像样的武器。我们可以设想一下，现在所有的珠宝品类中，哪一种可以打造出一个中国强势珠宝品牌，再走向全世界？我个人觉得都很困难，这不是因为我们中华文化不具备世界范围的影响力，而是因为几乎所有可以行销世界的珠宝品类我们都不具备比较优势。中国的合成钻石由于已连续领先世界各国17年，在合成钻石的毛坯生产上我们的优势实在是太过强大，再加上我们在天然钻石生产的最后一步镶嵌上的优势，我们完全有能力形成全产业链上的优势。中国人在合成钻石制造上的优势是十分明显的，再加上中国人在资本和科技上不断增长的实力，我相信只要不出什么大的意外，中国定将产生一批世界级的合成钻石品牌。合成钻石是唯一不需要强调历史的珠宝，合成钻石强调的是科技和品质，以及最终的成本优势和消费者规模。其实天然钻石也是依靠近百年的大力推广才有今天的市场影响力，相信在大力推广下合成钻石完全可能取而代之成为世界占有率最高的珠宝，或者也可以说是横行世界的珠宝。届时中国的珠宝市场或将因为合成钻石而一骑绝尘。我们期待着合成钻石能取得类似华为在通讯领域的成功，我们期待着中国的合成钻石品牌可以成为中国另一个具有世界影响力的国家名片。

今天的中国有着世界上最强大的合成钻石生产能力，有着世界上人数最多的钻石销售群体，再加上我们拥有世界数量最多的珠宝品牌和销售

合成钻石镜片

网点，我们完全可以组建成世界最强大的合成钻石产业链。未来是消费者决定一切的时代，尤其是5G以后的世界，是新零售、新营销、新媒体和新连锁的世界，幸运的是我们中国在5G领域上是领先的，在移动互联网和新零售方面是领先的，我们中国人在与合成钻石相关的领域中正积聚着别人没有的诸多优势。我们中国人一定要善用这些得之不易的优势，打造出一批我们中国人的合成钻石品牌，利用电子商务也行，利用实体店也罢，或是收购国外现有钻石品牌，总之我们要真正地把合成钻石的全球销售网点建立起来，要把全球合成钻石消费者的目光吸引过来，形成世界级合成钻石势能，去奠定我们中国合成钻石品牌在世界的地位。在天然钻石领域，我们只能是一个消费大国，但绝对不是一个强国，也很难再成为强国。在合成钻石领域，我们现在只是生产大国，还不是消费大国，只有我们成为生产和消费的大国，我们才能真正地成为世界的合成钻石强国。要想成为合成钻石的消费强国，现在开始培育中国的合成钻石市场尤为重要，因为这是我们中国合成钻石全面走向市场，获取合成钻石世界话语权的起点。

合成钻石种晶
图片来源：湖北碳六科技有限公司

四、合成钻石行业发展对世界的意义

合成钻石之于中国有着巨大的意义，不仅是

因为作为宝石级的合成钻石可以满足中国乃至世界珠宝消费者对美好珠宝的追求，更可以在其他众多领域改变世界。未来中国的航天、军工和半导体领域若想领先世界，合成钻石必须成为一个优先发展的战略性行业，世界的航天、军工和半导体领域若想得到快速发展，同样也必须受益于合成钻石这种特殊的超硬材料。世界的发展进程经历了农业革命、工业革命、信息革命和知识革命时代，下一次伟大的技术进步或许就是合成钻石革命。合成钻石可以替代硅让所有电子产品以史无前例的速度运行，合成钻石可以运用在激光武器上改变世界的战争格局，合成钻石可以让全人类探索更遥远的星际，甚至可以让人类到达更深的地层和海底。也许我对合成钻石前景的畅想会让人感到不可思议，但我想说的是我的这些畅想和合成钻石真正的前景比起来简直是小巫见大巫。我们绝对不能简单地把合成钻石看成一种宝石，它其实是世界上应用前景最广阔的超导材料、超硬材料和我们仍需要探索的新材料。

作为中国珠宝人我们深知，在接下来的十年内，全球现有许多的大型钻矿采矿将接近尾声，未来因合成钻石的史诗级量产，也不再可能投巨资去勘探和开采。随着开采天然钻石的可能性下降，对合成钻石需求的增长将达到空前的高度。

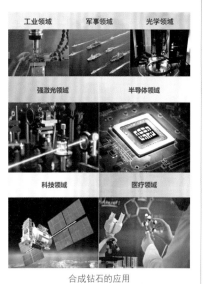

合成钻石的应用
图片来源 辽宁新瑞碳材料科技有限公司

作为较早进入合成钻石领域的珠宝人，由于有着先发优势或将有机会抢占较大的市场份额。尽管在当前形式下，我们做合成钻石的人会被视作天然钻石的敌人，或成为天然钻石同行眼中的恶棍，但随着整个合成钻石市场的形成，我们一定会成为中国钻石行业的英雄和救星。合成钻石是高科技的产物，人类现有的合成钻石生产技术仍有极大的扩展空间，如果合成钻石的生产技术得到更大的突破，如果合成钻石未来的生产成本达到现有天然钻石的百分之一、千分之一，那么这个世界都将因为合成钻石而发生翻天覆地的改变。合成钻石技术以惊人的速度发展着，逼迫我们不得不面对一个新兴的市场，不得不面对一场新兴的钻石革命，而钻石革命后的新"饰界"，将会为我们开启新的生活。历史的发展总是循环往复，不断向前，不会因为任何理由而停滞。在天然钻石辉煌的商业进程中，不得不感慨一句：我曾参与，甚是荣幸。但同时我们也必须开始重新审视天然钻石，这一由外国人控制着中上游产业链、产量巨大、售价高昂，并且开采成本高居不下的特殊产品，由于其成功的营销推广，天然钻石在中国已风行 30 多年。基于中国不产宝石级天然钻石的原因，占钻石最大成本的原石和裸石加工利润被外国人赚取，而如果国人开始消费合成钻石，

合成钻石应用于光学材料

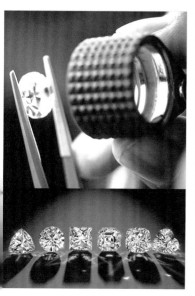

不同形状的裸石

由于我国在全球合成钻石产量中占据 90% 以上，则一颗合成钻石的利润基本全留在国内。届时我们将真正实现让钻石回归到作为宝石级首饰的基本意义，让国民财富不再被肆意浪费，让爱情不再被绑架于钻石虚幻的广告之上。从历史的角度来看，没有"血钻"罪恶、没有"灰色进口"、没有环保后遗症的中国合成钻石，在科技强国这一永恒主题的加持下，必将引起政府的高度重视和国人的广泛关注。在全国新一代良心珠宝人的努力下，必将建立起可抵御因经营走私天然钻石而暴富的既得利益者的新长城，不管这些既得利益者是移居海外的华人，还是仍在做天然钻石暴利大梦的普通商家，我们每一个中国珠宝人都有责任去推动中国合成钻石伟业的发展。当历史的潮流滚滚涌来，每个人都无法置身事外，无论是为了财富，抑或是为了赎罪，中国合成钻石伟业都将是我们整个中华民族的利益所在、人心所向，也是我们一定会为之奋斗的事业。人谁无过？过而能改，善莫大焉。

附录一：合成钻石相关名录

中国国内合成钻石相关企业名录

序号	名称	序号	名称
1	北京清碳科技有限公司	2	北京左文科技有限公司
3	重庆启石元素科技发展有限公司	4	杭州超然金刚石有限公司
5	合肥先端晶体科技有限责任公司	6	河北普莱斯曼金刚石科技有限公司
7	河南黄河旋风股份有限公司	8	河南省力量钻石股份有限公司
9	湖北碳六科技有限公司	10	湖州中芯半导体科技有限公司
11	黑龙江浩市新能源材料有限公司	12	济南金刚石科技有限公司（原：济南中乌新材料有限公司）
13	辽宁新瑞碳材料科技有限公司	14	洛阳启明超硬材料有限公司
15	宁波晶钻工业科技有限公司	16	上海征世科技有限公司
17	台钻科技（郑州）有限公司	18	无锡永亮碳科技有限公司
19	西安碳星半导体科技有限公司	20	修武县鑫锐超硬材料有限公司
21	营口金铮实业有限公司	22	郑州华晶金刚石股份有限公司
23	郑州磨料磨具磨削研究所有限公司	24	中南钻石有限公司

国际合成钻石相关企业名录

序号	名称	序号	名称
1	Ada Diamonds, Inc.	2	Advanced Optical Technology Co. (AOTC)
3	ALTR Created Diamonds	4	Apollo Diamond Inc.
5	Appsilon Enterprise	6	Asia Aries Enterprise Co., Ltd.
7	Carat Systems	8	CVD DIAMOND
9	Chatham Created Gems & Diamonds	10	CVD-HPHT Diamond Center
11	D. NEA	12	Dharm Jewels
13	Dorigin diamonds Ltd.	14	Diamond Foundry
15	EDP	16	Eco Grown Diamond
17	Eco-diamond	18	EverDear
19	Element Six	20	Eco Star Lab Grown Diamond
21	Eterneva Memorial Diamonds	22	GoGreen Diamonds
23	Goldiam USA	24	GREEN EARTH DIAMOND LLC
25	Heart In Diamond	26	Hindva International 旗下 Diabon LLP
27	Helzberg Diamonds	28	Hyperion Materials & Technologies
29	IIa Technologies	30	ILJIN DIAMOND CO., LTD
31	Krystal Grown Diamonds	32	Lusix(From Landa Group)
33	LifeGem(memorial diamonds)	34	Lucent Diamonds, Inc.
35	LOTUS COLORS, Inc.	36	Massy cvd diamond
37	MiaDonna	38	New Diamond Technology
39	Nouveau Diamonds LLP	40	PDC Diamonds
41	Pious Eco Diamonds	42	Pure Grown Diamonds(formerly Gemesis)
43	QG India lab grown LLP	44	Riddhi Corporation

序号	名称	序号	名称
45	Scio Diamond Technology Corp	46	Sishu International PVT.Ltd
47	Shashvat Diamonds Inc.	48	Sumitomo Electric Industries,Ltd.
49	Seki diamond	50	Unique Lab Grown Diamond
51	WD Lab Grown Diamonds		

合成钻石相关品牌名录

序号	名称	序号	名称
1	Borsheims	2	Brisa&Relucir 波琳克琳
3	CARAXY 凯丽希	4	D.NEA
5	Diama（From Swarovski）	6	DIAMOND ROSE 钻石玫瑰
7	Diamond Foundry	8	DIAMONDTIMES 新钻时代
9	Fenix Diamonds	10	Gemifique
11	I CAN	12	Lightbox（From Debeers）
13	MULTICOLOUR 慕蒂卡	14	Numined Diamonds
15	VINKKI 唯霓凯		

合成钻石相关机构

序号	名称	序号	名称
1	GIA（美国宝石学院）	2	HRD（比利时钻石高层议会）
3	IGI（国际宝石学院）	4	IGDA（国际培育钻石协会）
5	LGDC（培育钻石委员会）	6	NGTC（国家珠宝玉石质量监督检验中心）
7	NGSTC 国家金银制品质量监督检验中心(南京)		

国内合成钻石领域相关院校名录

序号	名称	序号	名称
1	北京科技大学	2	大连理工大学
3	东南大学	4	复旦大学
5	广东工业大学	6	哈尔滨工业大学
7	河南理工大学	8	河南工业大学
9	华东师范大学	10	湖南大学
11	吉林大学	12	南京航天航空大学
13	四川大学	14	苏州大学
15	上海理工大学	16	上海交通大学
17	山东大学	18	天津大学
19	武汉工程大学	20	香港城市大学
21	西安电子科技大学	22	西安交通大学
23	燕山大学	24	中国矿业大学（北京）
25	中国地质大学	26	中国科学技术大学
27	中科院金属研究所	28	中科院理化技术研究所
29	中科院半导体研究所	30	中科院深圳先进技术研究院
31	中科院物理所	32	中科院大学
33	中科院宁波材料技术与工程研究所	34	中南大学
35	中原工学院	36	郑州大学
37	浙江工业大学		

（以上排名不分先后，按首字母顺序排列）

附录二：中国合成钻石领域的十大预测及分析

第一条：1年之内中国将紧随美国出现大量合成钻石销售终端。

理由：随着美国市场的不断成熟，大量美国合成钻石销售终端的成功，会极大地刺激中国合成钻石零售市场的启动。同时由于现有各珠宝品类的增长乏力，低客单价和高性价比的合成钻石将成为中国珠宝终端新的利润款产品。不仅如此，大量先知先觉且没有天然钻石包袱的企业，面对获利较丰的蓝海市场，在资本的驱动下将快速抢先布局终端。

第二条：2年之内中国将全面接受合成钻石更名为培育钻石。

理由：目前国外已把合成钻石更名为实验室培育钻石，中国由于种种原因暂时无法更改国标，但大量的企标和团标推动及既得利益集团的被迫面对现实，未来 2 年内中国极有可能将合成钻石更名为培育钻石。由于某些原因使国标委员会成员对合成钻石存在误解，尤其是对合成钻石对中国珠宝首饰行业未来发展意义存在误解，这些工作都需要我们花时间去争取和努力。

第三条：3 年之内中国将全面攻克限制合成钻石大规模商业生产的技术。

理由：目前国内合成钻石的技术尚未成熟且受制于国外的部分专利。如果 2 年后在绝大多数的专利到期，抑或是中国有资本购入并消化类似于俄罗斯 New Diamond Technology 公司 HPHT 生产技术，以及类似于余斌掌握的 CVD 生产技术，中国将基本完成世界顶级合成钻石生产技术升级，从而基本具备大规模合成钻石商业生产的能力。作为一个回报极为丰厚的高科技产业，资本正在大规模进入这个领域，待中国市场全面启动之后相关技术研发将全面加速。

第四条：4 年之内中国或将建成世界上规模最大的合成钻石生产基地。

理由：目前美国和印度正在建设大量的合

成钻石生产厂，但得益于中国已有的合成钻石生产厂，未来在政府的支持下和资本的推动下，中国或将以河南为中心建立世界级的 HPHT 合成钻石生产基地，或将在中国南方电力比较富裕的省份及政策支持力度较大的省份建立 CVD 合成钻石生产基地。即使仅依靠现有合成钻石企业的自然增长，届时中国的合成钻石生产能力也将得到极大的提升。

第五条：5 年之内中国将产生全网络控制的 CVD 合成钻石智能生产厂。

理由：源于中国智能设备及 5G、6G 技术的推动，未来 CVD 合成钻石的生产将全面智能化，同时也可以实现远程网络化管理。由于 CVD 合成钻石的生产最好能依托于发电站便宜的电能，只要解决电源的稳压问题，大量分布式的电站级 CVD 合成钻石生产厂完全可以联网控制。目前这些技术大部分已基本成熟，未来在资本的推动下完全可以实现这种规划。

第六条：5 年之内中国的主流珠宝品牌将全面销售合成钻石。

理由：随着国内诸多新兴合成钻石品牌销售获利，以及各大天然钻石既得利益者天然钻石库存销售殆尽，国内的主流珠宝品牌也将全面开始销售合成钻石。所有品牌和企业选择产品的依据主要是能否获利，在合成钻石可以实现稳定利润时，所有现在的反对者和观望者都会义无反顾地转向。目前大多数中国主流珠宝品牌都在研究以附属品牌的形式参与合成钻石的市场博弈，待到发现消费者开始接受合成钻石时则将全面发力。

第七条：6年之内中国将产生世界级的合成钻石品牌。

理由：目前中国拥有大批千店级的珠宝品牌和企业，在品牌运作和渠道管理方面都具备相当大的势力。在中国形成合成钻石的配套全产业链后，基于中国有世界级的消费能力和强大国力的背书，中国的合成钻石品牌将极有可能走向国际。钻石本身也是世界宝石，在中国有影响力的东亚地区我们将有压倒性的综合优势。不仅如此，中国合成钻石企业走向国际还可以用多品牌或是以国外品牌的形式间接走向世界。

第八条：8年之内中国将成为世界上最强大的合成钻石生产国。

理由：中国有世界最大的单一市场，同时中国还有世界级的合成钻石全产业链支撑，在合成钻石这种大规模生产的商业产品领域，中国人将具备空前强大的竞争优势。因此我国只要产业政策正确，完全有可能成为世界最强大的合成钻石生产国。目前中国的合成钻石生产只是在技术上有非代差级的落后，同时国内所有的高校尚未形成研发合力，但这些问题都将在很短的时间内解决。

第九条：10年之内中国将成世界上最大的合成钻石消费国。

理由：美国是现在世界上最大的合成钻石消费国，同时也是最大的天然钻石消费国。随着中国经济的不断发展，以及数以亿级的中产阶级崛起，中国新兴的消费群体将极有可能迅速地推动中国在钻石领域的消费总量追上美国。届时中国完全有可能成为世界上最大的钻石消费国，最起码也会成为世界上最大的合成钻石消费国。

第十条：10年之内合成宝石级钻石将占中国宝石级钻石消费总量的半壁江山。

理由：有权威机构预测，到2030年合成钻石将占世界钻石消费总量的56%，对于这个预测我个人认为大概率会实现。如果在2030年合成宝石级钻石真的占世界宝石级钻石消费总量的 56%，我想届时作为世界最大的合成钻石消费国，中国的合成宝石级钻石终将占据中国整体宝石级钻石消费总量的 50% 以上，也就是说占据中国的半壁江山。其实未来 10 年世界主要的天然钻矿基本都会关闭，到时源于天然钻石的供应减少，合成钻石的占比自然也将提高，因此这个目标实现起来并没有什么难度。

张 栋

2020 年 2 月 29 日

参考文献

一、学位论文

[1] 白清.合成钻石的改色实验及特征研究 [D].北京：中国地质大学 ,2019.

[2] 陈良超 . 高纯金刚石的合成与氮空位色心的研究 [D]. 长春：吉林大学 ,2019.

[3] 范澄兴 .CVD 合成钻石的宝石学特征、鉴定和应用前景[D]. 北京：中国地质大学 ,2013.

[4] 胡美华 . 柱状和板状金刚石的可控生长与机理研究 [D]. 长春：吉林大学 ,2012.

[5] 何文嵩 . 新型铁镍触媒高温高压合成金刚石的工艺研究及分析 [D]. 济南：山东大学 ,2017.

[6] 黄丽 . 单晶和多晶衬底支撑石墨烯的扫描电镜成像表征研究 [D]. 哈尔滨：哈尔滨工

业大学,2019.

[7] 康亚楠.合成宝石的拉曼光谱研究——以钻石、红宝石、蓝宝石、祖母绿为例[D].昆明:昆明理工大学,2015.

[8] 宁伟光.金刚石 NV 色心系综相干操控的实验研究[D].太原:中北大学,2019.

[9] 李科.超薄类金刚石薄膜包覆金属微纳结构的表面增强拉曼散射[D].杭州:浙江工业大学,2019.

[10] 陶隆凤.化学气相沉淀(CVD)法合成单晶体金刚石的技术探索[D].石家庄:石家庄经济学院,2010.

[11] 苑执中.彩色钻石的品格畸变与谱学应用研究[D].广州:中山大学,2003.

[12] 吴改.微波等离子体 CVD 法合成单晶钻石的工艺条件对生长质量的影响[D].北京:中国地质大学.2017.

[13] 王遥.籽晶{100}晶面的形状对高温高压温度梯度法生长金刚石大单晶的影响[D].长春:吉林大学,2019.

[14] 吴旭旭.国产无色化学气相沉积法(CVD)合成钻石及再生钻石的宝石学性质研究[D].北京:中国地质大学,2019.

[15] 许天昊.CVD 法制备石墨烯包覆的锂、钠离子电池负极材料及其储能性能的研究 [D]. 南京：南京邮电大学 ,2019.

[16] 肖宏宇. 优质克拉级金刚石大单晶的高温高压合成 [D]. 长春：吉林大学原子与分子物理研究所 ,2010.

[17] 颜丙敏. 磷、氮、氢协同掺杂金刚石单晶的高温高压合成 [D]. 长春：吉林大学 ,2014.

[18] 姚鹏. 鄂州中小型企业质量公共服务体系建设研究——以金刚石产业为案例 [D]. 武汉：华中科技大学 ,2019.

[19] 张亚飞. 高氮含量宝石级金刚石的合成 [D]. 长春：吉林大学 ,2009.

二、期刊

[1] 曹百慧，陈美华，胡葳，等. 合成钻石处理成红色钻石的机制及其特征 [J]. 宝石和宝石学杂志 ,2014(16)：24-31.

[2] 常娜，刘永刚，谢鸿森.Ia 型褐色金刚石高温高压改色研究进展 [J]. 矿物学报 ,2014,3(1)：53-58.

[3] 何南兵，王腾吉，赵亚良，等. 饰品钻石的市场现状及发展趋势 [J]. 超硬材料工程 ,2018(30)：39-45.

[4] 吕晓敏，张玉冰，兰延，等.CVD 合成钻石的层状生长结构和紫外荧光特征[J].宝石和宝石学杂志,2013,9(3):30-35.

[5] 刘璐，丘志力，梁伟章，等.2015 年国际钻石产业困境及面临的挑战[J].宝石和宝石学杂志,2016,18(6):42.

[6] 黎辉煌，丁汀，张天阳.NGTC 深圳实验室发现大颗粒 CVD 合成钻石套用天然钻石证书[J].宝石和宝石学杂志,2018(20):57-58.

[7] 李圣清，卢雯婷，宋聪聪.合成钻石及改色处理钻石的实验室检测方案[J].科技与创新,2018(19):1-3.

[8] 宋中华，陆太进，苏隽，等.光致变色 CVD 合成钻石的特征[J].宝石和宝石学杂志,2016(18):1-5.

[9] 宋中华，陆太进，柯捷，等.黄色配镶钻石中合成钻石的鉴定[J].宝石和宝石学杂志,2016(18):28-33.

[10] 宋中华，陆太进，苏隽，等.无色-近无色高温高压合成钻石的谱图特征及其鉴别方法[J].岩矿测试,2016(5):496-504.

[11] 沈才卿.话说化学气相沉淀法(也称CVD法)合成钻石[J].超硬材料工程,2012(24):

51-55.

[12] 孙媛，陈华，丘志力，等．中国3个商业性钻石产地天然钻石的DiamondViewTM图像及其意义[J]．岩石矿物学杂志，2012，31(2):261-270.

[13] 汤红云，涂彩，陆晓颖，等．钻石的红外吸收光谱特征及其在钻石鉴定中的意义[J]．上海计量测试，2013(1):2-6.

[14] 谈耀麟．国际人造金刚石行业近期发展态势（下）[J]．超硬材料工程，2014，26(4):34-39.

[15] 苑执中．合成钻石的现在与未来[J]．宝石和宝石学杂志，2018(20):169-171.

[16] 许悦．从合成钻石的发展看天然钻石的收藏价值[J]．客家文博，2019(1):60-63.

[17] 薛源，何雪梅，谢天琪．高温高压合成黄色钻石颜色成因及改色机理探讨[J]．岩石矿物学杂志，2014，33(2):120-130.

[18] 邢旺娟．合成钻石及其常规鉴别[J]．山西科技，2011(26):135-136.

[19] 杨志军，彭明生，苑执中．Ia型金刚石中水的显微红外光谱研究[J]．光谱学与光谱分析，2002，22(2):241-24.

[20] 俞瑾玎,于娜,卢靭.小钻石的大事件——2014年春国际钻石检测行业的热点[J].宝石和宝石学杂志,2014(16):17-27.

[21] 岳紫龙,罗勇,杨金瓯,等."魔"和"道"在钻石中的博弈——论钻石的作假与鉴定[J].现代商贸工业,2016(13):65-66.

[22] 朱红伟,李婷,李桂华.HPHT合成钻石在首饰中的鉴别特征[J].宝石和宝石学杂志,2014(16):28-33.

[23] 张婧.戴比尔斯在中国的驱动市场战略研究[J].商场现代化,2006,64(10):65-66.

[24] 朱红伟,刘海彬,程佑法,等.高压高温合成钻石的宝石学特征[J].超硬材料工程,2018(30):61-66.

三、报纸文献

[1] 曹中夫.他让金刚石储量增加百万克拉[N].中国国土资源报,2013-7-12(006).

[2] 高长安.直径5英寸CVD金刚石窗口制备技术跻身国际行列[N].中国科学报,2019-12-5(008).

[3] 贺轶群.合成钻石行业呼吁关税调整[N].中国黄金报,2019-3-15(003).

[4] 陆琦.晶金刚石手机,你值得拥有[N].

中国科学报，2018-9-19(004).

[5] 刘静. 金刚石：最硬的新材料 [N]. 中国航天报，2017-11-16(003).

[6] 刘晓颖. 看好消费升级——中国商人巨资拿下意大利珠宝品牌 [N]. 第一财经日报，2017-11-23(A07).

[7] 林奇. 钻井模板助推勘探提速——金刚石钻头需求将激增 [N]. 上海证券报，2014-7-10(A05).

[8] 刘一博. 婚嫁珠宝市场需要体验式营销 [N]. 北京商报，2012-9-16(B02).

[9] 刘晓慧. 钻石"往事"与用途知多少 [N]. 中国矿业报，2019-2-22(003).

[10] 马佳. 2019全球钻石验真项目进入中国 [N]. 中国黄金报，2019-4-26(5).

[11] 马佳. 用珠宝产品讲好中国故事 [N]. 中国黄金报，2017-3-10(001).

[12] 曼卿. 中国珠宝电商期待崛起 [N]. 中国文化报，2013-9-28(011).

[13] 庞黎鑫. 2015-2016中国消费市场流行趋势之珠宝 [N]. 消费日报，2015-1-12(A01).

[14] 沈才卿. 细说"化学气相沉淀法合成钻石" [N]. 中国黄金报，2012-7-24(00B).

[15] 田金刚 . 合成钻石：狼来了 ?[N]. 中国黄金报 ,2016-4-29(00A 版).

[16] 田金刚 . 戴比尔斯：既要博弈，也要生意 [N]. 中国黄金报 ,2018-6-12(7).

[17] 王亚宏 . 合成钻石带来市场颠覆契机 [N]. 中国黄金报 ,2018-10-23(7).

[18] 徐萌 . 垄断时代即将终结 ?[N]. 国际经贸消息 ,2000-10-16.

[19] 严俊，刘晓波，陶金波，等 . 天然钻石与合成钻石的钻石观测仪鉴定特征研究 [N]. 光学学报，2015-10-10(10).

[20] 赵腊平 . 珠宝首饰市场发展的新特点及新趋势 [N]. 中国矿业报 ,2015-11-26(006).

四、国外参考文献

[1] Anonymous.Investors:Finding safety in satellite again[J].Via Satellite,2010,25(5):1.

[2] Anonymous.Companies and markets:De Beers SA-strategic nalysi review[J].M2 Presswire,2010,4(3):1.

[3] Anonymous.Anglo American increasing its interest in De Beers [J].Engineering and Mining Joural,2011,212(10):4.

[4] Breeding C M,Shigley J E.The"type"classification

system of diamonds and its importance in gemology[J].Gems & Gemology,2009,45(2): 96-111.

[5] Koivula J I.Fryer C W.Identifying Gem-Quality synthetic diamonds:An update[J].Gems & Gemology,1984,20(3):146-158.

[6] Liu W C.A self-designed laser scanning differential confocal microscopy with a novel vertical scan algorithm for fast image scanning[J].IFAC Papers nline,2017,50(1):3 221-3 226.

[7] Moses T M.Reinitz I,Fritsch E.Shigley J E.Two treated-color synthetic red diamonds seen in the trade[J].Gems & Gemology,1993,29(3):182-190.

[8] Ma L.Liu C L.Did the late-2000s financial crisis influence construction labour productivity?[J]. Construction man-agement and economics, 2014,32(10):4.

[9] Nabbie A,Steyn J L.Customer familiarity with new indus-trial product technology and its influence on adoption:the case of De Beers diamond extraction equipment[J].South African Journal of Industrial Engineering,2013,24(1):152.

[10] Nemanich R J,Carlisle JA,Hirata A,et al.CVD diamond-research,applications,and challenges[J].

MRS bulletin,2014,39(6):490-494.

[11] Robert S,Rob R.De Beers smiles as diamond price re-bound.The Northern Miner,2011,97 (3):3-6.

[12] Shigley J E,Fritsch E,Stockton C M,et al.The gemological propertie of the sumitomo gem-quality synthetic yellow diamonds[J].Gems & Gemology,1986,22(4):192-208.

[13] Shigley J E,Fritsch E.Reinitz 1.Two near-colorless gemeral electric type Ⅱa synthetic diamond crystals[J].Gems & Gemology,1993,29(3): 191-197.

[14] Shigley J E,Fritsch E,Koivula J I.et al.The gemological properties of Russian gem-quality synt hetic yellow diamonds[J].Gems & Gemology, 1993,29(1):228-218.

[15] Shigley J E,McClure S F.Breeding C M,et al. Lab-grown Colored diamonds from chatham created gems[J].Gems & Gemology,2004,40(2): 128-145.

[16] Shigley J E.Moses T M.Reinitz I,et al.Gemological prop-erties of near-colorless synthetic diamonds [J].Gems & Gemology,1997,33(1):42-53.

[17] Wang W,Moses T,Linares R C,et al.Gem-quality

sythetic diamonds grown by a chemical vapor deposition(CVD)method[J].Gems & Gemology, 2003,39(4):268.

[18] Wang W Y.D'Haenens-Johansson U F S.Johnson P, et al.CVD synthetic diamonds from Gemesis Corp[J].Gems & Gemology,2012,48(2):80-97.

[19] Wang W Y Hall M,Breeding C M.Natural type la diamond with green-yellow color due to Ni-related defects[J].Gems & Gemology,2007, 43(3):240-243.

后记

　　随着科学技术的发展和中国消费升级的
到来，合成钻石这种物美价廉的人造真钻逐渐
进入了大众的视野。在未来可预见的3～5年
里，合成钻石必将凭借其独有的综合优势席卷
世界珠宝市场，最终占据钻石市场的半壁江
山。作为一名中国珠宝人，我们绝不能忽视合
成钻石将会给中国珠宝市场带来的影响，因为
这不仅关系到整个中国珠宝首饰行业的巨大利
益，同时也关系到我们中国珠宝首饰行业的竞
争力问题。中国早已成为世界第二大的钻石消
费大国，当前我们中国正迈入新一代的婚育高
峰期，对钻石的消费需求也在不断扩大，而我
们还在严重依赖从国外进口天然钻石，如果我
们无法找到新的代替品，我们将继续因天然钻
石付出巨大的代价。带着深刻的忧患意识和探

索的使命，我对合成钻石市场进行了长时间的考察调研和专业知识学习，深入了解合成钻石的发展现状和未来前景，这让我对合成钻石这个珠宝新品类有了深刻的认识，对钻石行业有了更加理性的判断，也坚信未来合成钻石必将成为一个新兴的珠宝品类，获得时尚消费人群或者新兴消费人群的青睐。

一个新品类能否兴起，大多由具体的时代背景、消费模式、消费客群甚至技术力量共同决定的。合成钻石所出现的这个时间节点，正是中国消费升级及中国珠宝首饰行业迭代升级之际，由于技术的重大突破而形成的一个巨大风口。我们没有理由不去把握，也没有理由继续把钻石市场的主动权交给国外供应商，哪怕这对中国珠宝人来说将是一场长期的战斗。当然这场战斗开启的时间并不会太久，因为新生代消费者已然崛起。喜爱钻石且消费观越来越成熟的千禧一代和Z世代（泛指95后，他们又被称为网络世代、互联网世代）已经逐渐成为钻石市场的消费主体，他们不再把钻石看作"永恒"的象征，更多地是看作自我表达的承载物或是日常佩戴的装饰物，对钻石产品的挑选标准也趋向理性。相对于天然钻石价格高昂和开采过程破坏环境等特性，价格亲民、环保、色彩绚丽且不失高贵品质的合成钻石，更适合表达新生代消费者的价值观。在这个过程中，合成钻石也将为自己找到一个全新的使命，那就是为新生代消费者服务，争取成为他们自我表达的完美拍档和最佳盟友！

中国的合成钻石产量已经连续17年占据全球第一的位置，这两年也实现了大颗粒宝石级钻石的技术突破，我们在合成钻石生产方面和消费市场方面的优势十分明显，我相信在所有中国珠宝人不断的努力推动下，未来我们或将凭借合成钻石实现中国人的"钻石梦想"，建立属于我们中国人自己的钻石产业。同时，我们也无需担心合成钻石的出现会影响天然钻石的市场份额，相反，它们二者最终将走上相辅相成、各事其主，共同创造珠宝界神话的道路。由于信息不对等及个人能力所限等原因，我深知本书在写作和出版过程中存在着诸多错漏和不足，难免有班门弄斧之嫌，但我还是希望与业界朋友们分享我对合成钻石这个新兴领域的看法，希望能为中国珠宝行业钻石领域的崛起贡献微薄力量，还望读者在阅读的过程中多多给予指教和批评。在本书的写作过程中，我得到了很多业界专业人士和行业前辈的帮助和支持，才有了本书的顺利出版，对此我感到十分荣幸和感恩，并真诚地感谢他们为本书所做的指导。同时也希望本书能起到一个抛砖引玉的作用，因为我们中国合成钻石领域有很多资深大咖和专业人士，他们默默地为中国合成钻石事业的发展付出了诸多努力，理应被更多人认识，希望未来有更多的中国珠宝人关注中国合成钻石以及加入到中国钻石革命的大浪潮中来，让我们共同迎接中国珠宝产业发展的巨大变革，为中国人赢得一个崭新的饰界！

张　栋

2020 年 2 月 29 日

特别声明

此书献给我热爱的中国珠宝首饰行业！

本书的出版或许会影响到一些天然钻石经营者的利益，在此我深表歉意！业界所谓的天然钻石保值和稀有的故事真的不能再讲了，天然钻石作为一种矿物，只是一种普通的商品，除了个别收藏级钻石具有一定的投资和保值价值外，世界上绝大多数的天然钻石都是不断贬值的商品。再加上高昂的流通成本，任何天然钻石保值的谎言都可以在理性的审视下被轻易戳破。无论任何商品，稀有都是一个相对的概念，我们不能以个别收藏级钻石稀有的事实，来编织一个所有天然钻石都稀有的谎言。面对普通天然钻石海量存世的现实，及其面临着"血钻"、不环保、走私等诸多拷问的同时，不能再用保值和稀有来欺骗我们所有的消费者。经营钻石不必有政治，但作为一个有中国国籍的珠宝经营者，我们可以有政治，现在世界上合成钻石最大的生产国就是中国，最大的生产企业就是中国兵器工业集团旗下的中南钻石，如果我们这代珠宝人有生之年可以把中国人生产的合成钻石，尤其是把中国军工企业生产的合成钻石销售出去，总比去卖那些国外资本家的天然钻石更让自己自豪。无论是天然还是合成，钻石就只是钻石，钻石就是一个普通商品，如果可以因我们的工作而推动国家的科技进步，而不是去帮助国外资本家继续掠夺中国同胞的财富，尤其是用谎言去掠夺中国同胞的财富，那么中国珠宝人也一定会为自己的正义行为感到骄傲。作为中国合成钻石的拓荒者之一，我们深知会被业界一些胸襟狭隘的既得利益者视为行业的恶棍，因为我们是行业原有秩序的破坏者，也许将要面对汹涌而来的批驳、攻击，甚至是仇恨。我希望以此书为证，在中国钻石革命真正成功之际，在中国珠宝人因合成钻石而强大之时，大家要记得有一位你们的同仁曾为中国合成钻石事业而勇敢地努力过。最后我真诚地对我深爱的中国珠宝首饰行业的从业者们说：我们不能再以天然钻石的小跟班而骄傲，我们要以中国钻石的开拓者而自豪，如果除去天然钻石套在我们颈上的精神枷锁，在未来合成钻石的广阔海洋里我们将游得更好。如果我们还继续不知所以地敌视合成钻石，在中国合成钻石大潮到来之后，希望你们不要因此而淹没。中国珠宝首饰行业不能总是一种观点，一种声音，让百花齐放、百家争鸣吧！

备注：由于保护相关企业的商业机密需要，书中对于相关企业的设备数量均为估算且进行过优化处理，并非为真实数据，仅供参考。同时由于主体写作时间为2019年，故有关行业数据也未完全同步更新，特此说明。

张 栋

2020 年 2 月 29 日